你的座標有多大，見識就有多高

人生就像棋局，商場好似人生，
你的見識與努力，決定了這盤棋的格局。

羅輯思維—商業篇—

羅振宇——著

Contents

第3章：產品思維

第4章：品牌寄生

第5章：真正的競爭力

第6章：你相信趨勢嗎？

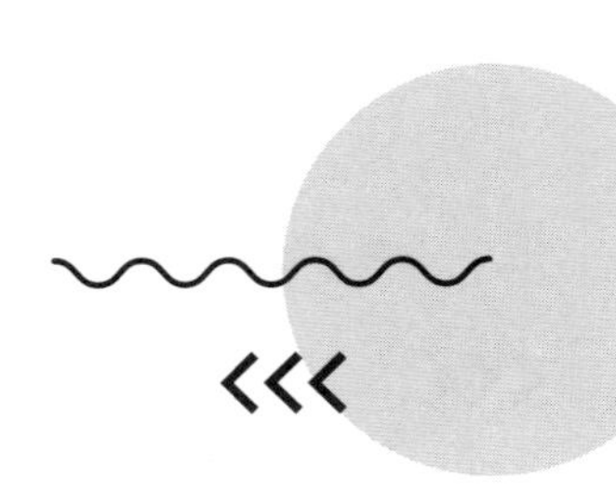

第7章：管理的藝術

天文幫你擴展人生的空間座標系，
歷史幫你擴展人生的時間座標系。
一個人建立了這樣的時空感之後，
至少心胸會大一點。

第 1 章

商業的魅力與可能性

伊隆．馬斯克的無邊棋盤

商業是一大盤棋，這盤棋，可以大到根本就沒有邊界。

伊隆．馬斯克，他最著名的身分是特斯拉的老闆，但是他的生意很多，有發射火箭的公司，有做太陽能的公司，有做人腦和電腦連接的公司，有做地下鐵路交通的公司。反正什麼概念新潮，他就做什麼。

這跟我們熟悉的科技公司完全不同，不是從一種核心能力開始起步，然後慢慢擴張自己的邊界，逐步長大。所以，難免就有人說，伊隆．馬斯克就是個大糊弄，做這些新潮概念，就是為了在資本市場上圈錢。

馬斯克是大糊弄嗎？如果他是個大糊弄，他創業已經二十年了，無論是特斯拉汽車，還是SpaceX這家火箭發射公司，取得的成就都是有目共睹。如何解釋他這一系列完全不搭調的行為呢？

二〇一六年馬斯克有一次演講，主題是「讓人類成為一個多星球物種」。題目就是馬斯克心中的終極使命。具體地講，他要通過一系列的努力，把一百萬人送上火星生活。

聽起來這像是個神經病的想法。但是在這個想法，我學到的最震撼的東西，就是實現一個神經病想法的方法。

這個方法說起來簡單，就是把一個大目標分拆成可執行的小目標。比如說，你們公司老闆要求今年你個人的營業額要超過一億。看起來太離譜，但是，只要你把大目標拆分成小目標，其實不見得不切實際。

那把一百萬人送上火星這個想法，馬斯克是怎麼把它拆成小目標的？

美國政府曾算過一筆帳，如果要把一個人送上火星，現在技術上是有可能實現的，那要花多少錢呢？大概是一百億美元。送一百萬人上去生活，也就是一萬兆美元。這筆錢大概相當於美國五百年的GDP。這當然太貴了。

馬斯克的第一步，是先把這筆錢降到五十萬美元。也就是一個想移民火星的人，把地球上的房子賣了，很多人能湊出來的數目。於是，馬斯克的目標，就把成本降至二萬分之一。看起來，還是不可能。

馬斯克的第二步，就是把這個二萬拆分成20×10×100，一道簡單的算術題。

現在的火星飛船，一次只能裝五個人，馬斯克說，可以造大一點的火箭，一次裝一百人，這不就等於是把成本降低到二十分之一了嗎？這不是吹牛，SpaceX確實是在試驗這樣的火箭。

此外，馬斯克說他是私營公司，效率高，有可能把火箭本身的成本降到十分之一。事實上，現在SpaceX的成本就已經降到了同行的五分之一。

那最後那個「100」是什麼？就是可重複使用、可回收的火箭。如果這個能實現，那發射火箭的成本，其實就只是燃料成本了。二〇一七年八月，SpaceX成功回收了自己的火箭，這已經是第十四次回收了，陸地上六次，海上八次。這已經成為常態。

回到馬斯克的那個目標，他說的是讓一百萬人到火星上生活。需要特別注意的，是生活，不是旅行。火星上，有一點點水，極其寒冷，幾乎沒有氧氣。怎麼生活？所以，不只是用火箭把人送上去就行的。

馬斯克其他幾家公司就專幹這個。

最著名的特斯拉，是電動車公司。特斯拉還有一個做太陽能的子公司，叫SolarCity。為什麼要做太陽能？為什麼要做電動車？因為火星上沒有氧氣，能源只能是來自太陽，開車也只能是電動車。馬斯克還有一家做地下高速軌道交通的公司，已經在美國好幾個地方開挖它的軌道了。那就是未來火星上的交通工具。

那麼，人去了火星，有了能源，就有了吃穿，還有了交通，那還得有通訊啊，我們這代人沒有Wi-Fi怎麼活？

二〇一五年，馬斯克宣布了一個星鏈計畫，要發射一．二萬顆通訊衛星，布滿地球軌道，為地球上的用戶提供至少１Ｇ每秒的通訊服務。要知道，人類至今為止往太空中發射的衛星也不過是四千顆，這一．二萬顆是什麼概念，可想而知。別覺得他是吹牛，事實上，二〇一八年二月，第一批測試衛星已經發射了。將來如果一百萬人真上了火星，馬斯克就準備讓他們用衛星通訊。

讀到這兒，是不是覺得有點像讀那種異想天開的陰謀論的感覺？細節都對得上，但是那個結論還是有點匪夷所思？當我們看的資料多了之後，可能就會發現，上面說的不是什麼推測，它就是馬斯克在各種場合一直在說的計畫。只不過因為這個計畫實在是太瘋狂，人們忽略了它而已。二〇〇六年，馬斯克就把特斯拉發展的路線圖公布在了公司的網站上，叫「特斯拉的秘密宏圖」。十幾年過去了，特斯拉的發展完全是按照這個步驟進行的。

時間上的計畫時而有延誤，但是發展步驟一點也沒走樣。更重要的一個證據是，SpaceX這家火箭發射公司的成立時間還要早於特斯拉，它是二〇〇二年成立的。當時馬斯克才三十一歲。這個宏圖大業他就已經想清楚了，而且已經下了第一步棋。為此，他同時布局了幾家高科技公司，分別解決到火星上生活的能源、交通、通訊等問題。這些公司都是從一個非常小的起點開始，一邊賺錢，一邊把所有賺到的錢投入研發，一步步地往前推進。

可能有人對馬斯克的計畫能不能實現抱有極大的懷疑。但是，一個人傾盡畢生心力，做了那麼大的一個商業計畫，甚至已經不能說是商業的計畫了，它已經是一個對人類整體命運的改造工程了，而且已經按照計畫實現了一部分。對於這樣的人，我們除了祝福和仰望，還能做什麼呢？

商業不是錢，不是交易，不是創業，不是成功，商業不只是生活的一部分，還徹底地塑造了我們的生活。

商業是一大盤棋，這盤棋，可以大到根本就沒有邊界。馬斯克讓我們看到，一個白手起家的人，可以憑藉自己的智慧和努力，把這盤棋下到一個什麼樣的境界。

Amazon的飛輪效應

貝佐斯每年都會給股東寫一封信，他在不斷地告訴世人：二十年來我們一直在反覆強調的、一直在做的事情，和一九九七年的時候沒有任何不同。

上一篇我們說了伊隆・馬斯克的那盤大棋。它不僅是構想宏大，而且還拆分為每一個可以著手去做的具體的事，讓商業的力量培植它逐步生長。所以，商業是什麼？不是賺錢，不是交易，甚至也不只是夢想，它是彙聚所有人共識的手段。

送一百萬人上火星生活，很多人都不信，沒關係，那先做一輛很酷的電動車，總有人想買吧？買的人越多，賺的錢越多，那就可以做更好的電動車，而潛在的目的，則是發展太陽能電池技術。

普通公眾沒有那麼大的壯志雄心，沒關係，商業會引導你逐步按照設想，把財富、共識逐漸彙集到產品上來。這樣一步一登高，等最終「圖窮匕見」的時候，公眾才會明白全部意圖。

那伊隆・馬斯克是一個特例嗎？不是。再講一家公司，那就是Amazon。提到Amazon，大家都知道這是一家「網上百貨商店」，就像淘寶或者京東那樣；或者最多知道它還有一塊Amazon的雲端服務業務。但是它並沒有這麼簡單，Amazon的創始人貝佐斯的意圖遠遠不止這個。

我們先來看，Amazon最主要的業務板塊是三個：

第一個是會員服務，每年交給Amazon一筆錢，不多，即使剛調了價，每年也就是一百一十九美元。加入了會員，就可以享受免費送貨等一系列服務。算算帳就知道，只要在Amazon上多買幾次東西，光送貨費就可以賺回來。換句話說，Amazon的這項服務是賠錢的。

第二個，是第三方賣家平台。簡單說就是，只要你做生意，就可以用Amazon的基礎設施。這個業務也有點奇怪。因為Amazon自己也是賣東西的，開放平台給其他商家，那就意味著引入了大量競爭對手，那Amazon自己賺的錢不就少了嗎？

第三個，就是很著名的Amazon的雲端服務。看起來跟前兩個業務也沒什麼關係。

這三個主營業務，要嘛賠錢，要嘛主動少賺錢，要嘛偏離主業，這是一盤什麼棋？

但是，如果你把這些業務連起來，你就會看到一個完整的邏輯。

第一，有了會員業務，會大幅提高客戶忠誠度。既然已經付了會員費，所以買得越多消費越多也就越划算。

第二，允許第三方商家來賣產品，就使得客戶可選擇的商品大大增加了，那會員就覺得更加超值，所以買會員服務的用戶也會增加。

第三，當Amazon的客戶越來越多，也就有更多的第三方商家願意來Amazon開店。

第四，當Amazon的客戶足夠多，銷量越來越大的時候，Amazon對上游供貨商的議價能力也會大大提高。所以Amazon就可以拿到更低的商品進貨價格，並且把利潤讓給消費者。接著，更多的消費者也會被便宜的東西吸引到Amazon，成為用戶，並且購買會員服務。

第五，當Amazon自營的商品價格越來越便宜，第三方賣家的同類產品是不可能賣得比Amazon更貴的，這就要求第三方賣家也要控制成本，或者賣一些Amazon自己不賣的東西。

第六，Amazon提供的雲端服務、物流服務，其規模也就變得越來越大。這些服務越好用，其他商家就越會傾向於把生意放在上面，Amazon的會員就更加超值了。

第七，其他商家越把自己的生意放在Amazon的基礎設施上，就越離不開Amazon。

這是一個環環相扣的邏輯。再簡單地梳理一下：會員服務留住買家，雲端服務、物流配送這些基礎設施留住商家。商家多了，能進一步留住買家。買家買得越多，商家就越離不開。反過來，再讓基礎服務變得更有競爭力。

這三個齒輪是彼此咬合，震盪放大。Amazon的創始人貝佐斯把它比喻為「飛輪效應」。

可以想像一下，有一個巨大的輪子，又沉又笨，要是想把它轉動起來，非常困難。但是沒關係，在這個輪子的每一個點上都使力氣，順著同一個方向轉動它，剛開始會非常慢，但是每一次努力都不會白費，一旦轉動起來，它就會轉得越來越快。這也是Amazon這家公司真正的秘訣。

所以，Amazon並不是什麼網上超市，它的終極野心是成為一個無所不包的網上商業活動平台。不管你賣什麼，也不管你買什麼，你都繞不開它。這個飛輪轉到最後，就成了一個向所有網上活動收費的超級帝國。至於我們現在看到的電商、平台、人工智慧、音響、Kindle等，都只是Amazon的手段，不是目的。Amazon和伊隆・馬斯克，都是在下一盤大得嚇人的棋。

那麼要做到很難嗎？很難。難在三個方面。

第一，得想得出那麼大的飛輪。這真是心有多大，舞台就有多大。那這種飛輪怎麼找？回到人類最基本的需求。比如，人總是要買東西，總是要社交，總是要學習，這些東西是不會變的。貝佐斯有一句名言，可以幫助你理解找飛輪的方法。他說：「人們經常問，在接下來的十年裡，會有什麼樣的變化。但是我只問，未來的十年，什麼是不變的？第二個問題比第一個問題更重要，因為你需要將戰略建立在不變的事物上。」

第二個難題是，你能不能按照同一個方向轉動這個飛輪？Amazon 的方向，就是不斷給用戶提供價格更低、品種更多、效率更高的商業服務。但問題是，真的能在每一個決策關頭都堅持這個飛輪轉動的方向嗎？如果方向反了，近在眼前的錢，能不能忍住不賺？明顯有效的手段，能不能忍住不用？這些都是對一個創業公司意志力的巨大考驗。

第三個難題是，你能不能在漫長的時間裡堅持轉動這個輪子，不管發生什麼，都不停下來，也不管有什麼誘惑，都心無旁騖。這是最難的。時間對人的考驗，是最嚴酷的考驗。

貝佐斯每年都會給股東寫一封信，二十年從未間斷。有意思的是，每一封股東信的後面，貝佐斯都會附上一九九七年Amazon第一封股東信的文稿。

他不斷地在告訴世人：二十年來我們一直在反覆強調的、一直在做的事情，和一九九七年的時候沒有任何不同。

一個最好的例子發生在一九九七年五月十五日，那一天正是創立兩年多的Amazon上市的日子。結果在紐交所敲鐘之前，大批的媒體才發現，貝佐斯根本沒有來。因為在他的心目中，股價和華爾街的判斷，對一家公司的成功與否沒有太大的關係。他有自己的輪子要轉動，他沒空參加上市敲鐘這種不重要的事。

原力覺醒與LEGO成功的底層密碼

從一個最原初的專長開始，利用它，訓練它，呵護它，看著它一點點長大，不偏離它，但是也不任由它止步不前。這才是很多成功公司的底層密碼。

前兩篇分別講了兩種商業圖景的構造模式：自下而上，從小到大，逐步接近目標的伊隆．馬斯克和環環相扣、震盪放大的Amazon。第一種模式，我們可以稱之為造塔模式；第二種模式，我們可以稱之為飛輪模式。

他們的共同點是，一開始就有一個巨大的藍圖，然後找到最適合的演化路徑，用商業這個工具去實現它。但是，這裡面可能會發生一個誤解，就是商業最精采、也最難的部分——不是構想藍圖，而是怎麼推動事情逐步發展。想清楚目標和路徑，這對於有理性能力的人來說，不難做到。

但是在前進的每一步上，都給它足夠的生長動力，這恰恰是很多公司和創業者做不到的，或者說是容易迷失的。

先舉一個負面的例子。大家都知道一家玩具公司，叫LEGO。這是一家丹麥公司，誕生於一九三二年，現在是世界第一大玩具公司。主要產品就是拼插的塑料積木。

這種積木和傳統的木頭積木相比，有一個重要的能力，就是積木和積木之間可以接合得非常穩定，只要不用力拆開，積木就會緊緊地連接在一起。孩子可以任意搭建、任意拼裝自己想要的東西。積木第一次有了延展和擴張的可能。這當然是一個巨大的創新。LEGO的生意就做起來了。

但是到了二十世紀九〇年代，一個大變化來了，那就是出現了電子遊戲。當時看起來，這對玩具業來說幾乎是滅頂之災，跟電子遊戲相比，LEGO的積木一下子顯得沒那麼酷了。

那怎麼辦？當然得自救。從那個時候開始，LEGO嘗試了各式各樣的方法，比如老辦法——擴張產品線。二十世紀九〇年代，LEGO生產的新玩具數量是原來的三倍，平均每年增加五個新產品主題。但是沒有一個成功。

老辦法不行，還有各種新辦法。比如開放式創新，ＬＥＧＯ在世界各地建立了自己的培訓教育中心，比如顛覆式創新，電子遊戲時代到了，那它也做各種電子遊戲；還有藍海式創新，ＬＥＧＯ搞了一個主題公園叫「ＬＥＧＯ樂園」，就像Disney一樣在各個國家建設ＬＥＧＯ樂園。

除此之外，還有很多花樣繁多的創新，比如轉型到教育產業，拍個電視劇，搞零售連鎖，甚至開發兒童平板電腦。

反正圍繞孩子學習和娛樂，ＬＥＧＯ幾乎把當時所有流行的創新觀念和方法一個一個都試了一遍。結果無一例外，全部失敗了。到二〇〇三年底，ＬＥＧＯ拖欠十億美元的巨額欠款。世界頂級玩具品牌，居然淪落到快要破產的境地了。

後來ＬＥＧＯ是怎麼起死回生的呢？很簡單，回歸自己的核心。一個公司不管走多遠，其實它能做什麼，都是由那個最開始的原點決定的。不是說它不能轉型和基因再造，而是說還原到發展的每一步，決定突破方向的，都是那個原力。只要借助這個原力，就有可能比別人做得好。越做得好，這個力就越會被打磨得更強悍和銳利。原力和公司方向，是一個彼此促成、互相滋養的關係。

比如，有記者問美團的創始人王興，說美團的業務到處發展，又是外賣，又是商旅，又是打車，有沒有邊界呢？王興回答說：「太多人關注邊界，而不關注核心。萬物其實是沒有簡單邊界的，所以我不認為要給自己設限。只要核心是清晰的——我們到底服務什麼人？給他們提供什麼服務？——我們就會不斷嘗試各種業務。」這段話對我啟發巨大。只要核心的原點不丟，認真培育原力增長，邊界就可以不斷擴大。

回到LEGO的話題上，LEGO的原點和獨特性在哪裡？其實就是它的拼接技術。初看的話，塑料積木的拼接好像沒有什麼技術含量。但是能不能做到讓兩塊積木拼接時，需要的力量恰到好處？力量小了拼不上，需要的力量太大，孩子們又無法拆開。這需要達到毫米級的精確程度。LEGO每分鐘都生產十萬塊積木，一年生產五百五十億塊積木，這種精確度如何在每一塊積木上始終如一？生產這麼多的積木，它們是不是能夠在這週二下午五點準時送達Walmart的倉庫？還有，不僅要確保積木能夠準時送達，還要弄清楚最佳的生產地是哪裡，合理的庫存是多少，合適的採購成本是多少等等。圍繞拼接技術演化出來的商業系統和商業模式的管理，才是LEGO這家公司真正的核心競爭力。

正是認識到了這一點，LEGO後來又重回了世界第一玩具生產商的寶座。

過去一百年，商業演化得極其複雜。我們看到從創業到成為一個商業帝國的時間越來越短。此外，還有管理學、有諮詢公司、有各種創新學說。這就造成了一個假象，讓我們以為商業有無窮無盡的變量，創始人的創造力可以隨意揮灑，什麼奇蹟都可以創造出來。

但是其實回到真實的商業世界，並不是這樣的。企業的生存實際上是被嚴格限定在一系列約束條件下的。其中最重要的約束條件，就是企業的能力原點。在每一個具體的點上，這個原始能力，都會完成突破，突破之後會被強化。大多數企業沒有能力擺脫這個進化的偉大力量。

既然說到「進化」這個詞，就不妨拿生物進化來舉例子。在進化論的歷史上，曾經有一個疑問：既然生物是進化來的，那為什麼我們找不到過渡狀態的生物？比如，大象鼻子很長，那一定是慢慢進化來的啊。那為什麼找不到那種鼻子半長不短的大象呢？

有一種解釋，和剛才說的企業進化的原理是一樣的。最開始的那個基因變異，會因為各種自然選擇的因素被強化。一個特性，要嘛被強化到可以作為這個物種明顯特徵的地步，要嘛就乾脆被淘汰。所以，我們就很少看到物種和物種之間的過渡形態。說回商業，很多創業者都有這樣的體會。看似是企業在發展、在長大，其實這個長大的過程，總會遇到一個邊界。這個邊界往往不是別的，不是政策環境，也不是競爭對手，而是創始人的認知邊界。那個最開始的核心「原力」，一旦釋放殆盡，成長也就停止了。

商業的魅力就在這裡，你在商業領域裡取得的成就，不論是自己創業，還是加入一家創業公司，本質上都是你認知邊界的外化。它讓你的內在能力被呈現、被檢驗，然後有可能被優化升級。說句雞湯：一切人類活動，都有可能被一個注重自我提升的人變成一場修行。而所有的修行都需要外在的蒲團。商業，就是這個時代最有趣的蒲團之一。

從一個最初的專長開始，利用它，訓練它，呵護它，看著它一點點長大，不偏離它，但是也不任由它止步不前。這才是很多成功公司的底層密碼。

只要核心的原點不丟，
認真培育原力增長，邊界就可以不斷擴大。

越是能看得見的變化，就越不是致命的變化；
越是能看得到的對手，就越不是真正的危險。

商業最有魅力的部分：超級變量

商業最大的變化，不是對手，也不是環境，而是經常會出現的全新的「超級變量」。

前面分別講了商業魅力的三個方面：

1. 商業，從低到高，居然能搭起來那麼高的一座塔，比如伊隆．馬斯克。
2. 商業，從慢到快，居然能轉動那麼大的一個飛輪，比如Amazon。
3. 商業，從始至終，居然可以把一個優勢發揮到那麼極致，比如LEGO。

其實，還有一個維度沒有談，就是從此處到彼處。這就是商業最有魅力的部分——變化。

過去我們談商業變化，往往指的是環境變化，或者說競爭對手的變化。

但是這些年，大家漸漸明白了一個道理，越是能看得見的變化，就越不是致命的變化；越是能看得到的對手，就越不是真正的危險。

最經典的例子，就是中國當年的三大門戶網站，它們互相之間掐得你死我活，但是最後擊敗它們的，根本就不是它們中的任何一個，而是下一代網路產品。真正的對手，根本就看不見。

那怎麼把握這個時代的商業變化呢？先給大家介紹一個例子。有兩家著名的公司：Disney和NETFLIX。Disney是典型的內容巨頭，它的旗下產業，可遠遠不止我們知道的動畫片和主題樂園。美國著名的ABC電視台、ESPN體育頻道都在Disney的旗下。現在它全年收入規模接近六百億美元。

而NETFLIX是這幾年飛速崛起的明星公司，是目前全球最大的影片串流媒體服務商，在NETFLIX上可以看到各種影片。它的商業模式就是會員付費，根據套餐的不同，每人每個月要交八～十四美元，而且只要交錢，所有內容就可以隨便看。NETFLIX現在一年的收入是一百一十億美元左右。

這兩家公司，一個提供內容，一個提供平台，多好的一對兒，好好合作不就行了嗎？

但是，二〇一七年八月，這兩家掐起來了。Disney宣布終止和NETFLIX的合作。兩家曾經是一大一小、互相合作的上下游、商業模式完全不同的公司，現在開始成為最大的競爭對手。

但是結果整個二〇一七年，Disney的股價幾乎沒變，而NETFLIX的股價漲了一倍多。這兩家公司收入差了五、六倍，但是市值已經很接近了。這說明Disney和NETFLIX如果不是夥伴而是對手，資本市場更看好NETFLIX。

不要簡單看這個事件。這會是未來四、五年時間內，商業界的一個重要主題。因為這背後不僅是兩家公司之爭，還是兩種商業模式之爭。

哪兩種商業模式？平台和垂直兩種模式之爭。

比如Google、騰訊，就是平台型企業，它們的目的，就是求多求全，不僅內容要全，而且要盡可能出現在各種地方。

而垂直型企業，顧名思義，打一個洞，垂直下去，要扎到很深。最典型的是Apple。它的目的就不是求全，而是集中，要讓非常特別的服務和體驗只出現在自己的體系裡，這樣才能留住客戶，留住收入。

這兩種模式的企業都有存活的可能，很難說誰優誰劣。但是這兩種邏輯越來越涇渭分明。如果不進入其中的一個邏輯，這個時代的企業就會有戰略困惑。Disney就遇到了這種情況。

Disney身上有兩種基因。它有平台企業的基因，像Google。

它生產好多內容，然後授權給無數個平台去播放，不管是各種電視台，還是NETFLIX這樣的串流媒體服務商，還是賣各種DVD，甚至是把電影拿到電影院上映——Disney的一切目的就是讓Disney的產品和內容盡可能接觸到所有人，這和Google希望讓自己的服務觸及到所有人是一樣的。

但是，Disney身上還有另外一種基因——垂直基因，也就是像Apple。它有Disney動畫、皮克斯工作室、漫威電影、星球大戰、Disney樂園，都是高品質內容。它的文化和Apple一樣都是「高度控制」的——進到Disney樂園裡和進到Apple iOS系統裡的感覺是一樣的，它們都極度重視用戶體驗，並且能不開放的地方全都不開放，自己來把控。

那問題是，到底是對內容來者不拒，追求分發場景的無處不在，還是追求高品質內容，嚴格管理體驗，把用戶留在體系裡？這是一對矛盾。

這兩方面很難兼顧。因為這個時代出現了一個效應，叫「網路協同」，意思就是越多人用越好用。

兩個模式——平台型和垂直型，都有可能產生網路協同。要嘛就集中海量的用戶，讓他們互相之間產生網路協同，騰訊、Google、Facebook都是這樣。要嘛就集中優質內容或者是產品，讓產品和產品之間產生網路協同。比如，Apple、小米，它們通過提供體驗一致的產品，留住用戶和收入。

事實上，Disney的同行確實就有這麼幹的。比如美國著名的電視台HBO，它就搞了一個自己的NETFLIX模式，而且收費比NETFLIX還貴，還只能看HBO自己的內容。這是為什麼？因為HBO對自己的內容有信心。這就像Apple能精確地管理自己的品質和用戶體驗。

現在兩種選擇放在Disney面前，是要做一個平台型企業，還是要做一個垂直型企業，到底是要哪種網路協同效應？這中間沒有太多的騎牆空間，而現在的Disney好像確實沒有想清楚這個問題。

說這個案例實際上是想說，商業最大的變化，不是對手，也不是環境，而是經常會出現的全新的「超級變量」。就像Disney遭遇的「網路協同」效應。在它們原來的經歷中，這是完全沒有的東西。

打個比方就明白這種變量的可怕了。比如，一個月三十天左右。在一個月的尺度裡，確實是這樣。但是，如果尺度擴展為一年，你就遭遇了一個超級變量，就是二月是二十八天。如果尺度擴展為四年，你又會遇到一個超級變量，就是出現了閏年。

商業也是一樣。在原來的環境裡有效的邏輯和做法，一旦擴展到更大的尺度，就會遭遇超級變量。這個時候，看起來是左右兩難，其實是沒有看到那個超級變量對整體博弈關係的決定性影響。現在商業演化的速度越來越快，快到了過去幾十年才會遇到的超級變量，現在幾年時間就會遭遇。所以，預判和識別這樣的超級變量，就成了現在商業從業者生死攸關的任務。

「超級企業」腦洞

一個人建立時空感之後，心胸會大一點。他知道他在宇宙中只是一粒微不足道的塵埃。

這一篇我們從一個新的維度談談商業，一個普通人為什麼要學一點天體物理學知識？

先來開一個腦洞。開這個腦洞的人，是來自加拿大的朋友喻穎正。

過去這些年，美國股市漲勢如虹，Apple公司股票市值最高，總市值已經超過了九千億美元，距離突破一兆美元已經不遠了。排在它後面的Amazon、Google、微軟、Facebook、阿里巴巴、騰訊，也都是同一個量級的公司。雖然股市漲跌無常，不好說，但是不遠的未來，可以看到一批公司的總市值突破一兆美元。

老喻的這個腦洞是這樣的，他說，我們就別關心一兆美元這個級別的企業了，咱們往前想想，如果未來有突破一百萬億美元的公司——比今天的Apple公司還要大一百倍，它會出現在哪個領域？一家公司的市值達到一百兆美元，金額相當於今天美國GDP總和的五倍，這個可以想像嗎？

想想又不犯法。我們得知道，如果在幾十年前，告訴你將來有一家公司市值超過一兆美元，也不會有人相信。

老喻這個腦洞，其實是在問兩個問題：第一，一百兆美元的公司，可能出現嗎？第二個問題是，如果可能，它會出現在哪個領域？

先來看第一個問題。要知道，現在這批要突破一兆美元大關的企業，可不是金融泡沫，Apple公司的市盈率只有十倍，健康得很。其他領頭的大公司，業績增長也非常快，不僅都有大象一樣的體量，還有兔子一樣的奔跑速度。

這件事，我們現在看好像很正常，但是跳出來一想，其實是一件很奇怪的事兒。要知道，在一個特定的時代裡，一個企業組織的規模是有上限的。在生物界，物種體型變大，在競爭中肯定是占便宜。但是，體型大到一定的程度，就一定會停止增長。因為大體型對食物的要求，對行動能力、適應能力都會造成影響。

山也一樣。有人計算過，地球上的山最高只能在一～二萬公尺內，否則它自身的重量就會把它壓塌。地球上的最高峰珠穆朗瑪峰高度還不到一萬公尺，而火星上有一座高達二萬多公尺的山，因為火星重力比地球小很多。

回來再看企業，為什麼現在的企業能增長到這麼大？它們怎麼就沒被自己的重量壓垮？原因是我們正處在一個數位化時代，很多問題得到了解決。原來的公司長不大，是因為長大之後層級太多，訊息流轉速度太慢，企業越大越笨，一旦被人咬了一口，半天都反應不過來。大到一定程度，規模就是劣勢了。

但是在今天的網路社會，如果你是一家數位高科技公司，大的意義就改變了。一家數位公司的神經網路分布越廣，就越聰明。就以騰訊和阿里這樣的公司來說，因為它們體量大，掌握的數據就多，數據越多的公司，就越聰明，規模反而變成了優勢。

像Apple公司，為它工作的人，可不只是Apple的員工，全球為Apple系統開發軟體的人，有將近二千萬，這還沒算上圍繞Apple硬體的產業鏈上的人數。可見越大越穩固。

剛才問的第一個問題有初步答案了。只要是數位型的高科技公司，進一步步壯大的可能性是存在的，它能擺脫重力對它的限制。

那第二個問題又來了。如果按照這個趨勢，頭部的公司還能再長大一百倍，那它會出現在哪個領域？

老喻的答案是開拓新世界的公司。

為什麼？因為我們熟悉的世界，支撐不了這麼大市值的公司發展。就算是Apple公司，它的產品已經不能更受歡迎了吧？市場占有率也快逼近極限了吧？它的產品利潤還比較高。在這樣的情況下，也只能支撐Apple公司的股價發展到一萬億美元的規模，未來沒有再增長一百倍的想像空間。

在過去的歷史經驗中，巨型公司，尤其是能以百倍規模增長的巨型公司，通常都是開拓了當時新世界的公司。

比如說，成立於一六〇二年的荷蘭東印度公司。這家公司經營了近二百年後才解散，它生意好的時候，那真是巨無霸啊。一六六九年時，它擁有超過一百五十艘商船、四十艘戰艦、二萬名員工與一萬名雇傭兵的軍隊。它為什麼能有這麼大規模？背景是歐洲人正在向全世界殖民，有了新的空間、新殖民地，它才會有那麼高的財富效應。

所以，再增長一百倍的公司，一定是一個開拓新世界、新空間的公司。

老喻猜想，可能是兩種公司，一實一虛。

從實際角度上，開拓新世界的就是研發火星移民的公司，像伊隆·馬斯克的SpaceX或者是貝佐斯的藍色起源這樣的公司。它們反正是在這條賽道上，能不能成功不好說，但是一旦成功了，就是像五百年前發現美洲新大陸一樣的大事。頭部公司再增長一百倍，沒什麼問題。

還有一種虛擬開闢新大陸的方式，那就是開拓意識新世界，比如人機互聯，能讓人類把意識上傳到網路，或者把知識下載到腦子裡，這種是虛擬意義上的新世界。

不管是實的還是虛的，只要有一個全新的空間，這個空間和原有的人類世界能夠發生協作和資源交換，這就是一個空前巨大的財富引擎，誕生一個比Apple大一百倍規模的公司沒有問題。

這就是老喻給我們開的一個腦洞。這件事即使會發生，也還遙遠。這裡只是給大家提個醒，如果你要做長期的價值投資，不妨密切關注這兩個領域公司的動向。

說到這兒，你會問，老喻的這個腦洞，和你剛開始說的天體物理學有什麼關係？難道我們該研究怎樣移民火星嗎？不是，我只是想說，一個人的座標有多大，他的見識才能就有多高。

有一位朋友說過這麼一句話，你教育孩子，除了應對競爭的知識外，最應該讓孩子接觸的學科就是天文和歷史。奇怪，一門文科一門理科，這兩門學科雖不相關，但是有一個共同點，就是能擴展一個人的座標系。天文幫你擴展人生的空間座標系，歷史幫你擴展人生的時間座標系。

一個人建立了這樣的時空感之後，至少心胸會大一點。他知道，他現在面對的所有困擾、煩惱、成就、歡喜，在歷史上是無數人都曾遇到過的，他在宇宙中只是一粒微不足道的塵埃。更重要的是，一個人建立了這樣的時空感之後，他思考問題的框架才會夠大。火星移民這種事，如果沒有基本的宇宙觀，如果對當年哥倫布帶來的財富爆炸效應沒有基本的理解，缺乏了基本的天文和歷史素養，是不理解這到底在說什麼的。你會覺得伊隆·馬斯克和貝佐斯就是兩個妄想狂，你看不到那背後真實的財富機會。

要見招拆招，
不斷根據新的形勢，作出新的判斷。

你踩過的坑，別人沒有踩過，
你遇到的問題，別人沒有遇到過，
你告訴他這些方法，他也不會用，
或者他理解了，用上了，
也需要漫長的時間去消化這些細節。

第 2 章

世界知名企業那些事

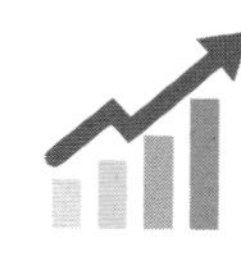

向NETFLIX學習保持變化

今天的商業環境越來越複雜。對於很多企業來說，企業文化存在的目的變了，目的不是為了讓企業不變，而是為了能不斷地保持變化，還能不垮台，保持戰鬥力。

NETFLIX於一九九七年成立，最初是一家DVD租賃公司，後來轉型做串流媒體。最近幾年，它又開始自製內容，生產了很多像《紙牌屋》這樣的爆紅美劇。今天，它已經是市值高達千億美元的公司了，在內容公司裡面做到這個級別，離Disney已經不遠了。短短這些年，NETFLIX的每次轉型都很成功。

一家企業很成功，但是講它企業文化的書不一定能很火。所以，這本書的背後，一定還有一些東西，是超過成功這個層次之上的，一定暗合了社會和企業組織的一個大轉型。

看完《給力：矽谷有史以來最重要文件 NETFLIX 維持創新動能的人才策略》這本書之後，我的感受是，NETFLIX的企業文化，根本就沒辦法學。因為NETFLIX的文化，和我們以前看到的任何企業文化都不一樣。你甚至都沒辦法給它一個準確的定義。

你說它的文化內核是忠誠？不對。NETFLIX很鼓勵員工跳槽。有時甚至會跟一些表現很好的員工說，對不起，最近因為公司轉型，你和我們未來的業務不匹配了，請你離職吧。

你說它的文化是勇於挑戰？也不對。NETFLIX在招人的時候就會告訴應聘者，我們不想改變世界，只想讓用戶幸福。假如你想向高難度的問題發起挑戰，建議你還是去Google吧。

你說它主張整齊劃一？還是不對。假如你和NETFLIX談項目，即使你的方案被一個部門否決，你也可以找另一個部門談，它仍然可能被接受。部門之間並不在意對方的判斷。

同樣，NETFLIX的文化不是寬鬆，因為它的人員淘汰率很高。但反過來，它的文化也不是嚴苛，NETFLIX甚至沒有固定的休假制度。任何人可以在任何時間提出休假申請。怎麼規劃時間，全由你自己決定。

看到這兒，我發現一個難題，就是沒有辦法用任何一個常用的概念來總結NETFLIX的文化。或者說，沒有文化，就是它的文化。奇怪，一家公司怎麼能沒有一種穩定的文化形態呢？那它怎麼能夠讓員工有穩定的預期和歸屬感呢？它怎麼能形成自己的傳統以便永續經營呢？

要破解這個問題，這就要回到這家公司本身的處境了。

NETFLIX所處的行業是媒體。最近幾年，核心業務是自製內容，確切地說，是美劇。而美劇行業的遊戲規則，可以用一句話概括，「只看增量，不看存量」。人們只站在當下這個節點去評估一個產品、一部劇集未來的價值。至於過去為這個產品投入了多少精力、多少金錢，根本不在考慮之列。

就像一部劇集已經連播了多少年，有很多粉絲，很多人對它有感情。但只要收視數據不好，它就會馬上被淘汰。為什麼很多美劇播著播著，突然就被腰斬了？並不是有什麼深刻的用意，原因很單純，只是因為它們已經不能再創造收視率，不能創造更多的價值。沒價值，就要被拋棄，這個行業不留戀任何存量。

在這套規則下，NETFLIX的做法更加極致。他們不僅不看自己的存量，甚至不看整個行業的存量。也就是，不管同行都在做什麼，只看自己的客戶未來需要什麼。

在做DVD租賃業務時，別的公司都採取按片收費，租一張光碟，收一張的錢。但NETFLIX第一個推出會員制，只要加入會員，就可以不限數量，隨便看。做自製內容時，別的美劇都是每週更新一集，但NETFLIX卻一次放出全集，目的就是讓觀眾看個痛快。當然，這也是出於自信。NETFLIX在DVD租賃時代，已經累積了二十多億條用戶數據，他們對觀眾的喜好，把握得很精準。

這就像是金庸小說裡的人物獨孤求敗。他雖然也是個俠客，但一輩子的目標，既不是實現俠客夢，也不是一統江湖。他的目的非常單純，就是贏，每一場都要贏。NETFLIX也一樣，它的目的也只有贏。獨孤求敗的獨門絕學是獨孤九劍。要知道，獨孤九劍就是一門沒有存量的功夫。它的核心就是，無招勝有招，沒有任何固定的章法和套路。NETFLIX也一樣，它沒有特定的打法，總是在見招拆招，不斷根據新的形勢，作出新的判斷。

那麼，這麼一家不講套路的公司，它的經驗還有值得借鑑的地方嗎？當然有。至少有兩點。

第一，它提醒我們，應該怎麼看待那些成功企業的文化。顯然不是照著學，因為企業和企業的處境完全不一樣。

任何企業文化的出現，都是為了解決它所面對的特定的問題。行業不同，策略不同，生長出的文化也自然不同。換句話說，企業文化不是成功的原因，而是它成功的結果。就拿NETFLIX來說，它主張改變，是因為內容行業變化太快，不變就意味著出局。所以它的文化最後呈現出這個樣子。

但是，假如換成食品廠、藥品廠、化肥廠，它們追求的就是品質穩定。假如照搬NETFLIX的文化，隔三岔五換個花樣，恐怕要不了多久就經營不下去了。學習別人的經驗，必須把它還原到它所處的處境中，才能明白，哪些能學，哪些不能學。這是NETFLIX的第一個啟示。

第二個啟示，才是重點。

對今天這個時代而言，企業文化，到底是幹什麼用的？回顧一下歷史，過去的企業文化和今天的企業文化，作用可以說截然不同。

過去的企業文化，是一個塑型器，是一把雕刻刀。它是為了把企業塑造成一個固定的形狀，越穩定越好，這樣好傳承。比如我們熟悉的一些老字號，都是按照這條標準，幾百年就做一件事。做著做著，就成了老字號。對它們而言，企業文化存在的意義，就是提供一個越來越精確的標準。必須遵守，不能妥協。

但是，今天的商業環境越來越複雜。每時每刻都在變化當中。不僅是NETFLIX所在的內容行業，很多行業都是這樣。這個時候，對於很多企業來說，企業文化存在的目的就變了，不是為了讓企業不變，而是為了能不斷地保持變化，還能不垮台，保持戰鬥力。

打個比方，過去的企業文化是想讓企業像鋼筋混凝土，塑造成什麼樣就是什麼樣，以後都不變。而現在，很多企業是希望企業像一汪清水一樣，隨時可以被塑造成任何形狀，越軟越好，但是不會垮。

比如，有人說，騰訊的企業文化是挑戰，鼓勵員工發表自己的見解。潛台詞不就是擁抱改變嗎？再比如，有人說，阿里巴巴的企業文化是信任，主張員工應該信任企業。潛台詞也有類似的一層意思，當企業做出改變，不要懷疑，要相信公司的判斷。表面上截然不同，但是細想一下，底層的邏輯其實是一致的，就是要求大家在變化劇烈的時候，能夠跟得上。

在一個求變的時代，我們能採用的無非就是兩種策略。第一種是以不變應萬變，第二種是隨風而變。如果你對第二種隨風而變的風格有興趣，《給力：矽谷有史以來最重要文件 NETFLIX 維持創新動能的人才策略》這本書，值得參考。

設計風格流行，不是設計本身推動的，而是社會運行的結果。那這個運行最基本的規律是什麼？不是求新求變，恰恰是回到事情的本來面目。

向IKEA學習成本控制

查理·蒙格說：「宏觀是我們必須忍受的，微觀才是我們可以有所作為的。」經濟下行的時候，倒是可以反思一些現象的本來面目。

比如，什麼是好公司？過去十年，就是這一輪經濟上行週期，我們都覺得是那些技術驅動的公司、有網路特徵的公司、可以指數級增長的公司、商業模式很新的公司，是好公司。但是，在經濟下行週期裡面，我們有機會來看看公司世界的全貌。會不會有另一種類型的公司，它們沒什麼技術驅動，也沒什麼網路特徵，商業模式也很陳舊，但它們也是好公司呢？還真有，如IKEA。

ＩＫＥＡ是很成功的公司。在二十九個國家擁有三百五十五個商場，在中國有二十家。二〇一七年，ＩＫＥＡ淨利潤三十億歐元。目前，ＩＫＥＡ是全世界最大的家居用品零售商。ＩＫＥＡ的起源國瑞典，並不是大國，卻能有這樣的超級大企業，很了不起。

要說ＩＫＥＡ憑什麼做到這個成就，這個話題可以寫一大本報告，但是撇開那些衍生出來的原因，ＩＫＥＡ最核心的能力其實就是在保證用戶體驗的前提下，不斷地降低成本。沒有什麼其他的花拳繡腿，它幾乎就是用這一招，在幾十年的時間裡，用一種緩慢但是堅定的速度，不斷地擴張自己的商業地盤。

舉個例子，ＩＫＥＡ有一款產品，叫比利書架。毫不起眼，一個普通的書架而已。自從二十世紀七〇年代後期投放市場以來，比利書架的設計和用料基本沒有變化，但價格卻降低了30％。在保障質量的前提下，消費者永遠更歡迎價格便宜的產品。結果比利書架在全世界賣出了超過六千萬個，也就是每一百人擁有一個。彭博，美國著名的財經媒體，曾經用它來衡量世界各地的購買力，麥當勞的漢堡包曾經有過這個用途。比利書架也達到了這個普及程度。

偷工減料，誰都可以做出低價但劣質的產品；揮金如土，誰都可以做出堅固、精巧、雅致的產品。但是，做出物美價廉、消費者廣為接受的產品，可就難了。而這正是IKEA家具的核心競爭力所在。

那麼，IKEA是如何做到持續降低成本的呢？其實也沒有什麼秘密。就是這裡改進一點，那裡節約一點，長年累月，反覆琢磨和改進各種細節，把成本逐漸降了下來。比如，一些固定連接件，大部分廠家用的都是金屬件，雖然用量非常小，但這麼一點點比利書架也得斤斤計較，用的是塑膠料件——當然，是能滿足質量要求的塑膠料件。裝配書架要用到螺栓、螺母之類的零件，裝配過一次就會知道，IKEA一顆釘子都不會多給。

這還是消費者能看到的。看不到的地方就更多了。IKEA還有一款明星產品馬克杯，這種馬克杯年銷量高達二千五百萬只，也是個天文數字。這種馬克杯的設計與眾不同，杯身從上到下逐漸收緊，把手特別小。

到今天，這種設計成了獨特的風格，很多人效仿生產。但在當初IKEA設計時，其實不全是為了審美。把手做那麼小，不僅是為了省材料，還為了更好地利用供應商的窯爐空間。小把手，也是為了讓堆放更加緊湊，從窯爐到商店貨架、在貨櫃車上的運輸成本能減少不少。這些一般企業都不會注意到的細小環節，ＩＫＥＡ在設計產品時都充分考慮到了。

如果你瞭解ＩＫＥＡ創始人坎普拉的生活方式，對ＩＫＥＡ如此重視降低成本就不會感到奇怪了。坎普拉的生活極為節儉，甚至達到了吝嗇的程度。他身為瑞典最有錢的人之一，九十歲時接受採訪，自曝身上穿的衣服是在跳蚤市場買的，出門坐經濟艙，開老舊的ＶＯＬＶＯ汽車。他在瑞士居住，為的就是少繳稅。據說，他到第三世界國家出差，都要順便理一次髮，因為那裡理髮便宜。

坎普拉把他的生活方式帶到了企業中來。從一開始創辦公司，他就以節約成本著稱。節約到同行受不了，尤其是那些供應商，氣得沒轍。後來家具同行乾脆集體抵制，拒絕給ＩＫＥＡ供貨。現在去ＩＫＥＡ會發現，它所有的產品都是自己設計的。這也是沒辦法，因為供應商不給它供貨。

平時，坎普拉就泡在工廠裡不斷地做出種種調整，這裡截掉一兩釐米，那裡改變一下設計，就這樣從種種細枝末節之處做出改進，多年持之以恆地降低成本。在很多人看來，降低產品的成本，主要得靠採用新技術、新工藝、新設備。這當然沒錯。但是你想過沒有，長期來看，新技術增進的是社會的普遍技術水平，和一家具體企業的競爭力是沒有關係的。技術是會流散的、會普及的。

比如說，有了自動化工具機，誰都能具備高精度的金屬加工能力。有了充足的配件供應，很多企業都能做出手機。即使你暫時有優勢，但是這個優勢也非常脆弱。比如，某個關鍵技術人員被競爭對手挖走，企業就遇到麻煩了。當年玻璃鏡子是威尼斯人發明的，當時深受歡迎，成為高價搶手貨。威尼斯人想靠玻璃鏡子持續賺大錢，嚴守技術秘密，甚至處死洩密者。但時間一長技術總會洩漏，玻璃鏡子的製造技術被法國人想辦法弄走了。法國也開始生產玻璃鏡子，威尼斯的優勢就瞬間瓦解了。

那企業的成本優勢來自哪裡？其實只能像ＩＫＥＡ這樣，不是靠通用技術，而是在生產、運輸、銷售、經營的各個環節，不斷微調、削減成本，看起來毫不起眼，卻簡單實用。而且一旦累積起了成本優勢，這就有時間門檻了。你踩過的坑，別人沒有踩過，你遇到的問題，別人沒有遇到過，你就是告訴他這些方法，他也不會用，或者他理解了，用上了，也需要漫長的時間去消化這些細節。這種門檻才是屬於企業自己的優勢。

另外，ＩＫＥＡ的家居現在是北歐風格設計的代表。所謂北歐風格，表面上看，無非以簡潔、功能實用、做工精細、純色為主。這好像是有意設計的結果。但是還有一個解釋，是這樣的：二十世紀初期，歐洲文化進入高度華麗奢靡的工業洛可可風，工業產品奢侈化，越做越精美，功能上就沒有那麼講究。但是這個趨勢的副產品是工業品距離底層大眾越來越遠。在英國人和法國人看來，簡約的風格簡直就是原始人水平。但二戰後，歐洲玩不起洛可可了，價廉物美這個最古老的商業訴求又回來了，北歐風格這才開始流行起來。瞭解了這個過程就明白，設計風格流行，不是設計本身推動的，而是社會運行的結果。那這個運行最基本的規律是什麼？

不是求新求變，恰恰是回到事情的本來面目。比如物美價廉，比如細節累積，比如依靠時間的力量。只要回到這種事情的本來面目，你不僅能獲得商業上的成功，甚至會留下「北歐風格」這種文化遺產。

向Apple學習產品策略

Apple為什麼不把硬體降價，讓更多的人買得起，去賺更多錢？

很多人看完Apple二〇一八年的發布會之後，有兩個感受：第一，新一代Apple手機沒什麼讓人眼前一亮的創新。不就是螢幕大了一點嗎？第二，這個新手機真貴，最貴的居然賣到了一萬多塊錢，所以很多人都表示不滿。

不過，這個事還應該反過來想一遍，Apple不是一般的公司，它是世界上市值最高的公司之一，也許我們認為它創新乏力，這是沒辦法的事。但是在產品沒有特別亮點的前提下，居然還敢大幅度地提高價格，這自信是從哪裡來的呢？這麼大的公司，肯定不能假設它準備最後搶一把錢就跑路了，它一定要考慮可持續性。不斷提高硬體產品的價格，這樣做有可持續性嗎？這好像和我們的商業常識剛好相反。

試著對這個現象作出解釋。

我們都知道，一百多年前有家很偉大的公司——Gillette刮鬍刀。Gillette在一八九五年發明了一個特別厲害的商業模式，幾年後創建了Gillette刮鬍刀公司。簡單說，就是把商品拆成兩個部分，實行不同的價格策略。比如，Gillette刮鬍刀的刀架就是以很低的，甚至是賠本的價格出售，然後通過賣耗材，就是刀片的收益來盈利。這種模式又被稱為「誘餌模式」，消費者因為吞下了第一個誘餌，後來只好源源不斷地給Gillette送錢。

這個模式後來有很多種變形。比如，印表機和電子遊戲機都是這樣，低價出售印表機和遊戲機，然後主要靠賣列印耗材和遊戲軟體賺利潤。再比如說電梯，這個模式就更好。電梯本身售價不高，但是電梯對安全性的要求很高，所以一旦裝上了他家的電梯，就只能給他源源不斷地繳維修保養費。用戶一旦吞下了第一個誘餌，後面就被綁定了。

到了網路時代，這個模式被大大地發揚。因為網路的便利性，加上風險資本的介入，企業開始普遍把產品和服務拆成兩個部分。一部分，主要是用來吸引用戶，那就免費甚至是補貼，希望用戶吞下誘餌，然後，再通過其他部分的產品和服務賺錢。

現在網路上很多生意的計算方法都是這樣：銷售額＝流量×轉化率×客單價。

流量，就是我能在多大的池塘裡放誘餌，轉化率就是有多少魚吃誘餌，客單價就是吃到魚餌之後，我怎麼盡可能地多從魚兒身上賺錢。在網路業界，投資人見到一個創業項目，往往都要問用戶量、日活（每日活躍用戶量）、月活（每月活躍用戶量），而剛開始沒人關注企業盈利，為什麼？因為他們覺得，只要吃下第一個誘餌的人多了，賺錢是遲早的事。這背後的思維模式都是從Gillette刮鬍刀開始奠定的。

但這個世界偏偏有人發展出另外一種模式，那就是Apple公司。Gillette模式是低價銷售主產品和硬體，高價銷售耗材或者服務。Apple正好相反，高價銷售主產品，免費或者低價提供服務。比如，你買一個Apple手機，或者Apple電腦，裡面的很多軟體已經裝好，比如辦公軟體，而且是免費的，體驗也很好。問題是你想進這個門，那就得買Apple的硬體，那是真貴。

Apple的這個選擇很奇怪，用高高的價格門檻，把大量用戶擋在外面。只有進來的人，才能享受Apple的免費優質服務。Apple為什麼不把硬體降價，讓更多的人買得起，去賺更多錢？我們很多創業者都是這樣想問題的，先把門檻放低，把更多的人放進來。這就牽涉到對這個世界的一個基本判斷了，就是什麼東西是人類真正離不開的？我們可以稱它為「價值之錨」，客戶要用了，離開它的成本就非常高？這個價值之錨到底是實體的東西還是虛擬的東西？是看得見、摸得著的產品，還是虛無縹緲的體驗？

這個問題的答案就決定了商業模式。如果你覺得價值之錨是實體的商品，而虛擬的體驗只是附屬品，那你肯定採取Gillette模式。相反，如果價值之錨是體驗，也就是說，人們一旦喜歡上了一個體驗，是很難擺脫它的，那麼Apple的模式就是有效的。

我問過一位Apple用戶，為什麼無論什麼電子產品都買Apple的。他說，沒辦法，被綁定了。如果現在換成安卓手機，一方面要重新適應，學習成本很高；

另一方面，手機、電腦、iPad之間的那種無縫連接和資料共享的體驗，就會損失不少，更別提有很多數據在雲端儲存。現在要是不用Apple，跟搬個家差不多，有太多的事情要處理，太麻煩了。沒有絕對充足的理由，是不會搬家的。

說到這裡，就明白了，這兩種策略的真正分歧在哪裡。

企業都是要盈利的，所以，如果你把自己的產品和服務一分為二，一部分作誘餌，或者說好聽一點，作引流，作價值之錨。另一部分作收入，這無可厚非。但是，具體怎麼選擇，就要取決於一家企業對世界、對趨勢、對自己用戶的看法了。

有一位朋友分析Apple的策略。他說，Apple應該是這麼看問題的：

第一，數位世界的虛擬體驗越來越重要，甚至超過真實世界。這是真正的價值之錨。所以，Apple把全部資源用於打造虛擬世界的體驗，並且免費提供其中的一部分，這和硬體便宜這樣的小誘惑相比，是一個留住用戶的更好策略。

第二，過去買手機，相當於買一個用品。而現在買手機，是買一個通向虛擬世界的通道。隨著人對虛擬世界的依賴越來越重，買手機，就相當於你在虛擬世界裡買了一所房子，裝你的全部虛擬體驗。每年換一次Apple手機，就算它的價格漲到了一萬塊錢，相當於為你的房子每年交一萬塊錢物業管理費，這雖然很貴，但是隨著房子漲價，這個物業費還是有上漲的空間。這就解釋了為什麼Apple敢於在這麼貴的價格基礎上，不斷上調價格。

不是想說Apple的策略就一定是對的，只是想提醒大家，這個商業世界的運行規則並不是只有我們熟知的一種。

大概二十年前，網路世界混沌初開，所有的企業參與者扮演的是一個新大陸的征服者的角色，征服者只在乎地盤，只在乎用最小的成本攻城略地。所以，他們的行為模式就是拚命地提供誘惑，擴大流量，想著征服了之後，再考慮治理問題，對於那一代創業者，這當然無可厚非。

但是這幾年，你會不斷地聽到一個說法，網路的流量紅利結束了。這意味著粗放的征服時代結束了。原來流動的牛仔要變成定居的市民，原來的「征服者」要變成「治理者」。

現在假設我們是網路時代一個城市的治理者。你是一個對城市繁榮負有責任的市長，那你的行為模式就和之前的征服者完全不一樣了。如果你能理解一個負責任的市長怎麼想問題，就能理解Apple的那些做法。

第一，你不在乎現在有多少人進入這座城市，你更關注已經住在這裡的居民的體驗，比還沒有住在這裡的人要更重要。因為居住體驗好了，市民就會寫信回老家，讓他們的親戚朋友搬過來，所以城市的人口增加不是問題。重要的是體驗。

第二，原來的征服者當然鼓勵要自由，要對所有的現象兼容並蓄。但是如果你是一個現有城市的市長，你要維護現有居民的起碼體驗，你就得建立基本的規則、秩序和安全感。只有這樣，一個城市才能累積起價值。

第三，你做為市長，很清楚一個城市越繁榮，房地產就越貴，居住資格就越值錢。所以你擔心什麼稅收收不上來呢？估計Apple公司就是這麼想的。那請問，這麼想問題的一個市長和那些只關注招徠更多人口然後向他們收稅的市長，你覺得誰的城市會更有未來呢？

向Disney學習體驗管理

如果想像Apple和Disney一樣，經營一種體驗產業，就必須意識到，不管事業做得有多大，手裡都是一個氣球，氣球可以吹得很大，但是只要有一根針都會破的，都會灰飛煙滅。

在說Apple公司的時候，有一個問題還沒有說透，那就是，為什麼在網路時代會出現一個如此奇葩的公司，它幾乎要對所有細節都進行強控制。

前些年，我們都有一個概念，網路時代是一個空前自由的時代，一個好的網路產品，應該是一個用戶隨意揮灑、自由發揮的空間。只要參與的人足夠多，就能湧現集體智慧，裡面自然就能出現高質量的東西。所以，「開放」幾乎是網路的同義詞。微博、微信公眾號都是這樣。

但是Apple公司的策略幾乎完全反其道而行之。他們的商店不開放，只賣

Apple生產的產品。他們的軟體不開放，只能安裝在Apple的設備上。他們的系統不開放，想在Apple的應用商店裡上架一個App，得經過非常嚴格的審核。這完全違反「網路精神」，怎麼這樣的公司在這個時代反而活得最好，達到全球市值第一呢？所以，前些年朋友們私下討論網路精神的時候，我總是提醒，別張嘴就是Google、Facebook，Apple這個「房間裡的大象」，不能假裝沒看見。

Apple這麼做的原因也很簡單，就是為了體驗好。這就牽涉到體驗產業的一個特點，就是不能有一點點瑕疵。舉個例子，你參加了一個旅行團，一路體驗都很好，但是結束的時候在機場把行李丟了，整個行程不管有多少亮點，給你帶來多少快樂，你拍了多少照片，你對這趟旅行的體驗都會是非常糟糕的。這就是我們經常講的，在體驗產業裡，六減一不是等於五，六減一的結果就是零。

所以你會發現，所有做體驗的公司，都是這種強控制型的公司。除了Apple之外，還有一家公司也是這樣，那就是Disney。Disney做的是娛樂業，談不上什麼技術含量，更是一家徹徹底底的做體驗的公司，所以他們在基因上和Apple很像。那就來聊聊Disney公司的一些細節。

孩子一進Disney樂園，注意力肯定馬上就集中到米老鼠、唐老鴨這些虛擬人物身上了。雖然是虛擬人物，但他們都是真人表演的。那怎麼管理遊客的體驗呢？乾淨、禮貌、待客殷勤，這都是最基本的要求。Disney把園區裡的所有員工，從扮演米老鼠、唐老鴨的員工，到售貨員、清潔工，都稱為「演員」。

這裡是在表演，不是在工作。既然是表演，那就要造一個完整的夢。Disney管理體驗，都是從「造夢」這個目的出發的。Disney的工程師叫「幻想工程師」，他們造的就是幻想。

比如Disney對演員的要求是，你不能只扮演米老鼠，你必須就是米老鼠。所以，只要有賓客在，演員就不允許把頭套摘下來。曾經有一則新聞，唐老鴨的扮演者中暑昏倒了，也堅持不拿下頭套，這是因為Disney世界的規定，不能毀滅孩子們內心的童話世界。演員也不允許在賓客面前談論私人或與工作有關的問題。

在Disney樂園中，明令禁止兩個相同的人物出現在同一個視野裡，比如說絕不能讓遊客同時看到兩個米老鼠。因為在孩子的幻想世界裡，米老鼠就一個，不可能有兩個。能理解這一點，就知道這個體驗管理有多難了。至少，全世界所有演米老鼠的工作人員都必須苦練簽名，全世界米老鼠給孩子的簽名都必須一模一樣才可以。

Disney 體驗管理還延伸到八小時之外。比如一名演米老鼠的演員，可以在社交媒體上討論自己扮演的角色嗎？可以穿一半戲服，把頭套摘下來給自己拍一張照，或者是單獨給戲服拍一張照嗎？可以發一張自己扮演的米老鼠的照片到社交媒體上，然後說「這個米老鼠是我扮的」嗎？當然統統都不可以。道理還是那個，任何讓孩子的幻想破碎，讓孩子意識到我眼前的這隻米老鼠是人扮演的細節漏洞都必須堵住。

還不只是扮演者啊。上到CEO，下到清潔工，都是演員，這一套管理流程是針對所有人的。比如，每一個人在園區內看到垃圾都必須彎腰撿起來。請注意，不只是撿起來，連撿垃圾的動作，都需要經過專門培訓。不能蹲下來，而要用一種優美的「瓢蟲」動作。如果你問演職人員：你在撿什麼？他會回答你：我在撿夢想。絕對不能說在撿垃圾，這種細節都是有預案的。

有人可能會說，明白了，這就是把整個Disney樂園都當作一個舞台，把每一個人的表演細節都管理到位不就行了嗎？不行。因為這是樂園，這不是舞台，觀眾就在身邊，他們是要和你互動的，不可能一言一行都寫在劇本上提前排練。這就對Disney的體驗管理提出了更高的要求。管理的界面不能放在自己身上，而要放在用戶的心裡、他的體驗上。這就要求，所有和遊客的互動，都要多想一層。

舉個例子，比如你是櫃台收銀員，快速地把用戶的錢款清點好，保證不出錯，然後交給顧客的時候滿帶笑容地說，感謝惠顧。是不是就已經很棒了？不過在Disney那裡，這根本還不算。

Disney認為的高水準的體驗是什麼？比如，當你深夜購物的時候，收銀員會特意弄清楚你的身分和住址，然後推薦你坐到達酒店的免費渡輪，還會給你一份去碼頭的地圖。當你迷路的時候，餐廳服務員不僅願意給你指路，他們甚至會放下手頭的工作帶你到達目的地。

再舉一個例子。比如，有人問：「三點鐘的花車遊行什麼時候開始？」

這是個典型的蠢問題。如果工作人員回答他，三點鐘開始，或者現在是二點五十五分，還差五分鐘就開始，這都是錯誤的回答。所以，Disney的員工就必須判斷，遊客真正想問的是什麼。是遊行隊伍到達特定地點的時間，或是哪裡是最佳的觀賞位置，或是遊行的線路是怎樣的？總之，不管怎麼回答，底線都是你不能提醒用戶他剛才問了一個蠢問題。

如果想像Apple和Disney一樣，經營一種體驗產業，就必須意識到，不管事業做得有多大，手裡都是一個氣球，氣球可以吹得很大，但是只要有一根針都會破的，都會灰飛煙滅。在體驗產業的邏輯下，這一切都相當脆弱。

在Disney樂園裡，只要有一個細節照顧不到，比如一片枯萎的葉子、一個放錯地方的垃圾桶、一個不友好的提示，比如一個紙袋子上寫著「請勿靠近」，還有兩個工作人員當著遊客的面在談私事，所有這些細節都會把遊客從一個幻想世界裡拉出來。遊客一出戲，之前花大錢精心營造的體驗就瞬間崩潰了。

有一個說法是，人類正在從農耕經濟向工業經濟、從工業經濟向服務經濟、從一般的服務經濟向體驗經濟演化。也就是說，未來沒有什麼不是體驗經濟。

我們總以為，認知過程是一個線性過程。
但只要牽涉到人，就不存在線性活動，
一個人在任何時間點上
都會受到非常複雜的身體體驗、
心理狀態和環境因素的影響。

人得到的控制感越多，安全感就越強，
做事兒的積極性也就越高。

向TOYOTA學習生產管理

TOYOTA的「流水線」，嚴格地說，這不是「線」，而是個「生產島」。

過去，很多工業企業提倡學習日本的TOYOTA汽車。為什麼呢？因為TOYOTA有一些很酷的做法。比如授權一線員工，只要在生產線上發現有問題，可以隨時叫停流水線，請注意，不是管理人員，而是一線員工。

別的公司也跟著去學，也去給一線員工授權，一個環節有問題，就停掉整個流水線。但是你想，這一套方法要是學得不到位會產生什麼結果？反而會導致效率降低、資源浪費。

流水線是一條線，環環相扣。某個環節突然一停，不就是我們俗稱的「掉鏈子」嗎？當然整個工廠的效率都會下降。

那問題來了，同樣的做法，為什麼其他人不行，偏偏就TOYOTA行呢？

其實，TOYOTA的這個制度有個名字，叫「安燈制度」。就是在流水線上安裝一些工作燈，公司告訴員工，不管你在流水線的哪個位置，只要你發現自己的工作站有問題，馬上按一個按鈕，或者拉下燈繩，燈就亮了，面前的流水線會慢慢停下來。這麼做的目的很明顯，是為了控制產品質量，不讓這個環節的瑕疵品流動到下一個環節。這個環節的問題就在這裡解決了。

別的公司學TOYOTA，學到這兒就完了。經常是一個環節停下來，整條流水線就停了，甚至整個工廠都停下來，等這個環節的問題解決，肯定效率低。

而TOYOTA的安燈系統可沒這麼簡單。它有這麼幾個關鍵控制點：第一，黃燈不停，紅燈才停。員工按了按鈕，亮的是黃燈，流水線不會馬上停，而是有一個十五～三十秒的反應時間。如果這段時間裡問題沒解決，紅燈就會亮，流水線才會停下來。這個好學。

第二，緩衝空間。TOYOTA會把流水線分成幾段，每段之間會有七～十輛車。這樣一個工作站停了，下一個工作站還能正常工作七～十分鐘。這就基本上不會發生整個工廠停工的情況。這聽起來也好學，沒什麼技術含量。

第三，團隊支持。流水線上黃燈一亮，留給員工的反應時間是很短的。但是現場有一個隨時待命的角色，就是小組領班。領班平時就在流水線旁邊巡視，只要亮起黃燈，領班馬上就會衝上去，幫助員工解決問題。

第四，也是最重要的，員工主動解決問題的能力是ＴＯＹＯＴＡ公司非常看重的。流水線停下來，誰最著急呢？不是一般我們理解的，員工按了燈，然後在那裡等主管來解決問題。其實是按下按鈕的那個員工最著急。他不是偷懶，怕受到懲罰，而是發現了問題，想趕緊解決這個問題。

光有緊迫感還不夠，他還會在平時的工作裡，主動去瞭解流水線上其他位置的工作都是什麼，這樣每一個員工，其實都具備了系統思維。ＴＯＹＯＴＡ企業也支持員工這麼做。所以，一般的問題，員工也能快速找到原因，快速解決。

但是其他的汽車公司，他們學ＴＯＹＯＴＡ，照搬了安燈系統。但是到了生產現場，員工一旦有事，按下安燈按鈕，然後發現現場沒人，員工也是乾著急，找主管，主管都去辦公室裡抽菸玩牌了。等找到主管，按照正常流程彙報，領導再出來解決問題，那現場的效率當然都完蛋了。

TOYOTA的車間，說起來是「流水線」，但是這線上的每一個點都不是孤立的，甚至它的聯繫也不是單一的。任何一個點，都會得到其他的點的響應和支持。嚴格地說，這不是「線」，而是個「生產島」。任何一個點有事，馬上有八方支援。

這個「生產島」的效應，其實比看上去還要深刻。

比如在遇到一個問題的時候，TOYOTA公司會讓基層員工連續問五個為什麼，挖出產生這個問題的根本原因。舉個例子，你在工廠車間看到地上漏了一大片油，常規的處理方式就是先清理地上的油，最多再檢查一下機器哪個部位漏油，換掉有問題的零件就好了。

但是按照TOYOTA的思路，會引導員工繼續追問：「為什麼地上會有油？因為機器漏油了。為什麼機器會漏油？因為一個零件老化，磨損嚴重，導致漏油。為什麼零件會磨損嚴重？因為質量不好。為什麼要用質量不好的零件？因為採購成本低。為什麼要控制採購成本？因為節省短期成本，是採購部門的績效考核標準。」

問了五個為什麼，漏油的根本原因就找到了。所以改變這個問題的根本方法，是公司改變對採購部門的績效考核標準，才能防止以後發生類似問題。

這個一連串問下去的過程，最終形成的，其實也是一個「生產島」效應。所有的工人都建立了一個概念，我可不是孤立的一個點，我是在一個島上，我對整個島的系統都負有責任。在我這個點上出的任何問題，其實都可以由我發起追問，來追責到這個系統上任何一個環節。反過來，我這個點上出的任何問題，也都可以呼叫整個系統的資源來支持。

這下知道其他汽車公司為什麼學不會TOYOTA的方法了吧？在他們眼裡，只有分層負責、精細分工的生產線，而沒有整體協作、系統賦能的生產島。

這其實是我們人類對於認知過程的一個誤解。我們總以為，認知過程是一個線性過程。比如說做數學題，我們覺得這個過程很簡單啊，對於大腦來說，就是輸入題目，然後在大腦裡面運算，得出結果寫在紙上，就是這麼個線性過程。

但是實驗證明，同樣的幾個人做一道難解的數學題，得分和答題的速度會出現完全不一樣的結果，而這個結果只跟一個小到微不足道的因素有關：房間使用的是頭頂燈還是檯燈。在檯燈下，人們答題的效率、正確的概率要明顯高於頂燈照明。

只要牽涉到人，其實就不存在線性的活動，一個人就是一個島，一個人在任何時間點上都會受到非常複雜的身體體驗、心理狀態和環境因素的影響。

雖然身處一個精細分工的社會，但其實每個人還是像生活在孤島上的魯賓遜一樣，本人既是漁夫又是農夫，既是獵人還是士兵，甚至是老師。在同一時刻，魯賓遜可能同時扮演著多種角色。這種對人類認知的理解，我們稱為「具身認知」。從字面意思理解，就是所有的認知活動，都不是腦子的事，它是整個身體的事。

舉個更能說明問題的例子。比如你去遊樂園的鬼屋，明知道那些東西都是有意做的效果，是一個表演，明知道是很安全的，但你還是會覺得很恐懼、很刺激。為什麼？這也在說明，人類的大腦不是一台從輸入到輸出的線性設備，大腦的想法自己也做不了主，也控制不了，它也會受到多重因素的影響。

大腦是一個四面透風的島。

回到汽車生產線的話題，自從福特公司發明了流水線，從企業管理的角度，就越來越傾向於把工人看成是線上的一個點，把工人和生產看成是一條線。能想到的優化方式，就是不斷提高這個點的工作效率。尤其是泰勒制工作法——所謂的科學管理興起之後，這個趨勢就更明顯。

而TOYOTA管理模式的意義，就是逆轉了這個局勢。人家也是生產汽車，也是精細分工，也是流水線，仍然是在管工廠，但TOYOTA把整個體系倒了過來，不是把人嵌入系統，而是讓系統為個人賦能。

有一則關於福特汽車的著名故事。老福特說，我明明只雇了一雙手，怎麼卻來了一個人呢？這是老福特那一代對於工業流水線的觀點。但今天，也許我們可以幫這個故事補足下半段。老福特說，我明明只雇了一雙手，怎麼卻來了一個人呢？而TOYOTA管理方式，其實就是在說，我不是雇用你這雙手，我要用的其實是你整個的人。

向YouTube學習用戶行為控制

YouTube和廣告商更好地控制了用戶行為，實現了雙贏，而用戶感受到的「爽」，只是一個附帶的結果而已。

我們平時享受網路服務，看文章、看影片，往往要順便看個廣告，很討厭，但是我們心裡也知道，無可厚非，畢竟網站也是商業機構，他們要靠廣告賺錢的嘛。

但是網站和網站也不一樣，有些網路網站看起來就很厚道。比如Google旗下的YouTube影片網站，它的廣告開頭有個五秒倒數計時，五秒以後，你點擊跳過按鈕，廣告立馬消失，你可以選擇不看廣告。這樣的用戶體驗很棒，很多人都說YouTube真是業界良心。

可是問題來了，平台為了用戶體驗，犧牲一點利益，這也說得過去。但廣告商不是冤大頭，他們可是花了真金白銀的，他投了廣告，還不強制你看，你還能跳過去，他們圖什麼？

文章裡說，答案很簡單：為了多賺錢。很反直覺吧？怎麼做到的呢？這靠的正是一整套高級的控制策略。

先說開頭的五秒倒數計時。為什麼是五秒鐘？注意，這可是一個非常精妙的「控制感」設計。畢竟只有五秒，很短，所以你不會去喝水、上廁所，或者做點別的事，你大概會盯著螢幕看，甚至會提前把鼠標放在跳過按鈕上。因為你想跳過，所以你必然要盯著看。結果是他控制了你五秒的注意力。

也許你會說，我就不盯著看，行不行？可能不行。因為人有一種基本的心理需求，叫控制感。你想想，下載東西的時候，你有沒有盯著進度條一直看，直到下載完成？或者，更新系統的時候，你有沒有盯著跳動的百分比一直看，直到100％？這不是強迫症，是倒數計時給了你明確的預期，你覺得一切盡在掌握，所以盯著的時候，會有控制感，一旦看完，你還會有成就感和滿足感。

人得到的控制感越多，安全感就越強，做事的積極性也就越高。當你知道控制權在自己手上，你對廣告就不會有逆反心理，對廣告就不那麼牴觸，也就更有可能被吸引著看下去。它給你製造了一個積極的心理啟動。

你可能會說，就算我看了五秒，廣告商能得到什麼？廣告商得到了極高的廣告觸及率。所謂觸及率，就是一則廣告播了以後，究竟有多少人真的看了。所有廣告商都很看重這個指標。廣告商也不傻，他也知道一場足球比賽中場休息的時候，你一定去上廁所、開啤酒、叫燒烤。

中場休息那段廣告，只有第一個進入的廣告才更有可能被人看到，所以，第一個廣告位是最貴的，換句話說，廣告商花的錢，很大一部分都是在買觸及率。觸及率很重要，可怎麼控制觸及率一直是個難題，美國廣告業有一句著名的話：「我在廣告上的投資有一半是被浪費了的，但問題是我不知道是哪一半。」

YouTube竟然就靠一個小小的按鈕，解決了這個難題，起碼，它完美地控制了廣告前五秒的觸及率。

把控制權交給你，你反而被它控制了。

你也許又要問，就算廣告商控制了我五秒的注意力，但我還是跳過了啊，後面的我沒有看啊。廣告商的錢不還是浪費了？

放心，廣告商的錢一點都沒浪費，全都花在刀刃上了。跳過的這部分人，廣告商是不會為你花錢的。YouTube制定了一種特殊的付費模式，簡單說就是，廣告商只需要為真實觀看的用戶付費，怎麼才算真實觀看？只要廣告播到了三十秒或播放完成了，才算真實觀看。你想，這部分人，他明明五秒鐘時有權跳過，卻還是堅持看了三十秒或者看完了，說明他對產品很感興趣，這不就是廣告商要找的潛在用戶嗎？

所以，這種付費模式，實際上是把傳統的「為廣告付費」，也就是播了就得付錢，轉變成了「為廣告效果付費」——也就是播了、有效果了、客戶找到了，才付錢。這好比你去玩夾娃娃機，抓到了給錢，抓不到不給錢。是不是很爽？

沒錯，靠著這個按鈕，廣告商又完成了一次高效的「成本控制」。

廣告商的成本是控制了，YouTube網站不是吃虧了嗎？不吃虧。YouTube獲得的是更大的優勢。

這就牽涉到廣告行業的一個有趣邏輯了。

你想，如果你是廣告主，你投的廣告效果並不確定，那你投的時候，會很猶豫，媒體的廣告價格也就賣不上去。但是如果你投的廣告，效果非常確定，你會把賺到的所有錢全部投到廣告上去。這筆帳很好算啊。如果你投一百塊的廣告，也確定能賺十塊錢，你會投。能賺一塊呢？你也會投。因為確定嘛，一塊錢也是錢啊。如果不賠不賺呢？你也會投，因為你畢竟拿到了一些新用戶，新用戶會給你帶來未來的價值，所以即使不賺錢你也會投，只要不賠就行。

那我們跳出來一想，廣告效果越確定，廣告主就越傾向於把所有賺到的利潤都投向廣告，久而久之，企業、廣告主就成了給媒體打工的了，所有賺到的錢都歸媒體。這是人類價值鏈的一個規律。哪個環節創造的價值越大、價值越穩定，在價值鏈的利益分配中，就拿得越多。YouTube讓你可以選擇跳過廣告不看，還有更深一層的考慮。

這一回，他們要控制的是你的行為和選擇。廣告商最想花力氣去吸引的，不是那些對他一點都不感興趣的人，比如五秒就跳過的人，他最關注的是那些沒有看完、沒有點擊的人或者點擊了沒有購買的人。這些人有什麼特點？他們對這個產品好像有點興趣，但最後在下單之前又放棄了，這才是最有可能轉化成潛在用戶的人。只有監控到這部分人的真實行為和想法，廣告商才能對症下藥，找到優化和提升的方向。

怎麼監控呢？靠的還是交到你手上的那個「五秒鐘跳過按鈕」。因為權力交給你了，你的每一個行為都代表著你的真實想法。你是在第七秒跳過還是在第二十三秒跳過，都精確反映了廣告的吸引力程度。廣告商通過收集這些行為數據，有側重、有方向地去優化廣告，也許下一次就能吸引你看完。而傳統的廣告商完全做不到這一點，他們只能看到一個數據，就是點擊率結果，但是，大部分廣告點擊率都不超過2%，剩下98%的用戶是怎麼拋棄它的？在什麼時候拋棄它的？對廣告是什麼態度？廣告商一無所知。

這一波操作，本質上都是在反向控制你的行為和選擇。所以，YouTube不是給了你一個權力，而是獲得一個跟你互動的機會。增加一個跳過按鈕，你就變成了它免費的廣告質量評估員，甚至是廣告推薦人。

結論來了：表面上，YouTube給用戶創造了更好的產品體驗。事實是，YouTube和廣告商更好地控制了用戶行為，實現了雙贏，而用戶感受到的「爽」，只是一個附帶的結果而已。

最後分享一下看完這篇文章的兩點感受：第一，所有看上去違背商業本質的現象，可能都是假象。

我們需要深思背後的邏輯。

第二，更高級的控制，不是做絕對的權力的主人，而是要讓渡一部分控制權出去，給對方一個跟你互動和回饋的機會。

人們為恐懼買單的熱情，
遠遠高於為痛快買單的熱情。
人類的進步，
其實從來都是由恐懼來驅動的。

看一個人的成長，
你不能看他做了多少事、看了多少書，
要看他「恐懼」的東西是不是有了變化。

第 3 章

產品思維

你真的瞭解你的用戶嗎？

看一個人的趣味，你不能看他喜歡什麼，要看他不能容忍什麼。

講產品的課程和書我看過不少，一般開頭就跟你講流量、設計、轉化率之類的概念，充滿了陌生名詞。

之前我們說，所謂「產品」，不是指某個具體的東西，而是一個當代人獨有的崛起路徑。產品就是從第一個陌生人開始，不斷接受回饋、自我迭代、完成擴張的過程。對一個人，尤其是對陌生人的理解，是這個過程的第一步。

怎麼才算瞭解一個人？一般來說，我們看的是他的那些表面特徵。很多網路公司分析數據，就是性別、顏值、角色、財富、人脈等。這些特徵和他是否對你的產品買帳沒什麼關係。如果看人，只看到這一層，你是沒辦法提供一個他喜歡的產品的。那和他聊天，打聽他的想法和觀點，可以瞭解一個人嗎？還是不行。

舉個例子。有個做健身App的創業者，這個App的用戶不少，但是經常使用的人很少。那怎麼辦呢？他們就給用戶發個推播：你已經一個星期沒有來鍛鍊了。最後，大量用戶並沒有使用這個軟體，而是直接把它解除安裝。這些用戶很奇怪，他們對健身是有興趣的，否則，他當初是不會安裝這個App的，這個想法是真實的。但是他們無法堅持也是真的，否則他不至於一看到提醒就解除安裝。

舉個例子，SONY準備推出一款音響產品，他們召集了一些潛在的消費者，開會討論這個新產品應該是什麼顏色：黑色還是黃色。經過這一組潛在購買者的討論，每個人都認為消費者應該更傾向於黃色。

這次會議後，組織者對小組成員表示了感謝，並告訴他們，在離開時，每個人可以免費帶走一個音響作為回報。他們可以在黃色和黑色之間任意挑選，結果每個人拿走的都是黑色音響。他們作出不同的選擇，不是因為他們說謊，而是想法和現實的行動是有差別的。所謂「嘴裡說不要，身體很誠實」就是這個意思。

那怎麼才能判斷一個陌生人的真正特質呢？有一個很好的視角，就是看這個人的「內心邊界」。這個詞可以從兩個角度來理解。「內心邊界」內，我們可以從「存在感」來判斷一個人。而邊界外，我們可以從「恐懼」來判斷一個人。

首先說「存在感」。動物的「存在感」很簡單，只要生存條件滿足，牠就很愉快了，所以個體差異不大。但是人構建了一個極其複雜的社會環境，每個人的小環境不同，成長經歷不同，每個人的「存在感」其實也不一樣。

有的人只要能夠在一段關係裡，比如說我在一個家庭中，我在和我情人的關係中，只要我的「存在感」是清晰的，對方給了我足夠的確認感，我就能夠滿足。但是有的人，如果只在一段關係中找到自己的「存在感」，是遠遠不能滿足的。他需要在職場、在行業中、在社會影響力中，看到自己的「存在感」，看到別人的重視。

動物吃飽了、繁殖了，「存在感」就滿足了。但是人不行，人的很多「存在感」是需要社會給他回饋才能實現的。

我們經常會嘲諷一種人，在沒資格說話的地方亂說話，在不合適的地方秀恩愛，說他們「刷存在感」，這是什麼意思？就是他們很不適當地找周圍的人要回饋，這樣他們才能感知到自己的存在。

那「存在感」的反面是什麼？就是對自己「內心邊界」之外的東西的恐懼。為什麼讓你照著PPT練習三次，你就會痛苦，而賈伯斯為了Apple產品發布會對著PPT練習一百次，依然樂此不疲？為什麼你打掃衛生很痛苦，而有人打掃房間不厭其煩，一天掃三次？這就是人的不同。你既可以把它解釋為他「內心邊界」內的「存在感」不同，也可以把它理解為他「內心邊界」外的「恐懼」不同。比如，一個人特別愛穿漂亮衣服，既可以解釋為她要靠這個刷到「存在感」，也可以解釋為她恐懼青春的流逝。

舉個例子，一位家庭主婦，她一到孩子住的地方，馬上就尖叫：「你住的地方怎麼這麼亂啊。」接著，她馬上就開始收拾。兩、三個小時之後，家裡頓時就井井有條。

這兩、三個小時的過程中，既有「存在感」的滿足，也有對髒亂差不能忍的「恐懼」。驅動這位母親收拾屋子和賈伯斯把一個圖標改一百遍的驅動力，其實沒什麼不同。

你可能會說，這不就是用不同的詞說同一層意思嗎？其實不是，「內心邊界」是我們理解一個人的很有用的輔助線。比如，關於人的情緒，我們可以把它分成很多種，喜悅、害羞、恐懼、焦慮等。但是從「內心邊界」這條輔助線看來，瞭解一個人，其實看兩種情緒就夠了。從內部看，「存在感」被滿足了，他就喜悅；從外部看，「邊界」被侵犯了，他就恐懼。

其實很多種情緒都是「恐懼」。「邊界」被侵犯了，感覺自己打不過，這就叫恐懼。「邊界」被侵犯了，感覺自己打得過，這就叫憤怒。這中間的不同，其實是對力量對比的評估不同，而不是情緒本身有什麼不同。焦慮也是恐懼，它來自對恐懼的想像。因為是想像，所以無從逃避，這種持續的恐懼，就會內化為焦慮。羞恥感也是一種恐懼，它來自對社會評論的恐懼。

這條輔助線最大的用途是觀察一個人，他說他有什麼觀點、想法都沒用。他刷「存在感」和表達「恐懼」的方式，才是他這個人的特質。面對同樣的邊界侵犯，他恐懼了，他就是普通人，他憤怒了，他可能就是個英雄，因為他對自己力量的估計不一樣。

一個人想去做一件事，但是拿不定主意。你怎麼判斷他是不是真要做？如果他主要描述的是做這件事的收益，那他做的可能性就大，因為他在刷關於這件事的「存在感」，他的「內心邊界」可能就要因為這件事擴張了。如果他主要描述的是做這件事的成本，也就是各種顧慮和恐懼，那他做這件事的可能性就很低。不是他不想做，而是他被困在「內心邊界」裡，他還沒有為這個突破作好準備。

例如，一個人就好比一部手機，他後天的知識、技能、道理、邏輯都是一個一個的App，而他的「內心邊界」才是操作系統。經常有人說：懂得很多道理，還是過不好這一生。就是因為有時候他不是缺某個App，而是他的操作系統，只能支撐他到這裡了。

這是一個很實用的道理。比如看一家企業的文化，你不能看它提倡什麼，你要看它敬畏什麼。比如看一個人的趣味，你不能看他喜歡什麼，要看他不能容忍什麼。又比如看一個人的成長，你不能看他做了多少事、看了多少書，要看他的「內心邊界」是不是發生了移動、他「恐懼」的東西是不是有了變化。

什麼是真正的好產品？

你製造一種時尚，用戶就會被喚醒跟不上潮流的「恐懼」。

前一篇我們說，一個人的真實狀態是由兩個方面規定的：他的「存在感」和他的「恐懼」。這兩個東西由一條邊界把它們分開，就是「內心邊界」。不同的人「內心邊界」不同，在一個人的不同成長階段，這個邊界也不同。

而要做一個產品，也是針對這兩個方面下工夫。產品也可以被粗略地分成兩類：滿足「存在感」的和幫你抵禦「恐懼」的。

先說滿足「存在感」的產品，這裡可能會有一個誤解，以為很好地滿足了「存在感」就是一個好產品。不是，那只是一般的愉悅，能滿足我們「存在感」的產品太多了。要想真正讓用戶買帳的話，愉悅這種情感遠遠不夠，他們需要的是更進一步的、更強烈的一種愉悅，我們可以把它稱作「爽」。「爽」

是什麼？一種繃了很久的需求，突然間被滿足了，才叫「爽」。

你可能聽說過一個說法，有錢人愉快的時候多，痛快的時候少。因為有錢人的需求太容易被滿足，那種繃得很緊的需求太少了。而相對窮一點的人，今天休息，沒事情做，邀上幾個朋友，吃一頓火鍋，很容易就爽了。

在富裕時代，做產品的難點就在這裡。用戶越來越難找到「痛快」和「爽」的感覺，但是沒有這個感覺就不是好產品。大家肯定都玩過俄羅斯方塊的遊戲吧？下來一個你需要的形狀，消掉一行，消掉兩行，伴隨著消除的音樂，這種感覺叫「愉悅」。那什麼時候「爽」呢？就是你累積了很高一堆，就等一個四格的長條，越等越危險，越等越焦灼，突然，長條下來了，一下子四行消掉了，這種感覺叫「爽」。拉動你玩遊戲的，就是微小的愉悅感、繃了很久的需求突然被滿足的「爽」感，加在一起，這種確定性的滿足就會成癮。你別小看這個原理，很多大公司都在這個上面犯過錯誤，

比如，支付寶。二〇一五年春節，微信和春晚合作，搖一搖有紅包，一舉讓微信支付的用戶量過億。轉過年，二〇一六年春節，阿里一看騰訊贊助春晚

這麼成功，就砸了二．六九億元拿下了猴年春晚的合作資格，推支付寶紅包。

在玩法上，阿里肯定不能和騰訊一樣。阿里怎麼做的呢？大家都記得，它做的是「集齊五福，分二億現金」。一堆人都集滿了四福，差最後一個敬業福。支付寶發出了八十二萬多張敬業福。集齊五福的人有多少呢？七十九萬。如果按照二千萬人參與來算，集齊五福的人不到4%。也就是說，爽的人4%，那不爽的人就是96%啊。這就叫有錢任性，花個五億，讓96%的人不爽，所以阿里的設計是不成功的。

你看，讓大家參與不是重點，過程中很嗨也不是目的，重要的是繃得很緊之後突然被滿足，「爽」了，才是一個產品的成功。這是產品設計的一個類型，針對用戶的滿足感。

那還有一個類型，就是跑到用戶「內心邊界」的外面，專門幫他抵禦「恐懼」。人們會為了解決「恐懼」，毫不猶豫地花錢，所以中國的醫療和教育是最大的市場，為什麼？對生存的「恐懼」、對缺乏競爭力的「恐懼」使然。為什麼醫療美容產品比普通化妝品貴那麼多？對青春流逝的「恐懼」使然。

有一次在深圳坐地鐵，突然看見一個廣告，是一家很有名的教育公司做的，赫然兩行大字：這個世界在殘酷懲罰不改變的人。像我這樣的追求終身學習的人，看見廣告的第一感受都是觸目驚心。

果然，很多人把這個廣告拍下來發微博，發朋友圈，一度洗版。但是因為太刺激了，後來這家公司扛不住壓力，把這句廣告語改成了「每個時代都悄悄犒賞會學習的人」。改了之後的廣告語是溫和的，但是也就沒有了力量。還是前一句廣告語「這個世界在殘酷懲罰不改變的人」，說出了這種教育類公司生意的本質，就是針對人們的恐懼。

我們現在知道了兩種類型的產品：讓人「爽」的和讓人「恐懼」的。一個成功的產品，要嘛是這種，要嘛是那種。如果一種都不是，那就不是針對用戶人性的服務，也就不太可能成功。那麼哪種產品更好？即哪種產品更有發展前景？

我認為：針對「恐懼」的生意更有發展前景。這個看法可能有點違反直覺，讓人快樂的產品怎麼還不如讓人恐懼的產品？

我是這樣理解的：第一類滿足「存在感」製造「爽」的體驗的產品，通常是要縮小人的「內心邊界」。換句話說，這種產品通常把一個人的「存在感」給偷換成了一個很小的東西，然後來滿足他。比如說前面提到的那個俄羅斯方塊的遊戲，你在跟那個小小的方塊較勁的過程中，就能夠又愉悅又爽，在玩的過程中，你的世界狹窄化了。我還記得自己第一次玩俄羅斯方塊，那是很多年前了，坐長途火車，上車就開始玩，不停地玩了十個小時。

後來把我自己都嚇著了，這個遊戲太恐怖了，它把我拖進了一個黑洞裡，在裡面極盡快感，但是一旦出來之後，就知道那沒有任何意義。刷微博、刷朋友圈、刷頭條，大家都有類似的感受。被一個產品取悅了，沉迷了，但是一旦出來之後，特別虛無。因為一旦跳出來看，原來它把你的世界縮小了。

而那種訴諸用戶「恐懼」的產品，它們多少都在起一個作用——試圖讓用戶擴張自己的「內心邊界」，是讓用戶的世界變大。比如我們前面舉的例子，醫療、教育、美容類的產品，它們都是訴諸用戶的「恐懼」，但是客觀的結果都是讓用戶改變，在原來的世界裡有所突破，他的世界就變大了。

其實每個人都在感受這兩種產品模式的衝突和拉扯。就拿一個中學生來說，有兩種商業模式都在爭奪他的錢袋子。一種是讓他爽的，遊戲、網路文學等各種娛樂消費品，還有一種是讓他免於失敗恐懼的，書籍、上學、各種課外補習班。

這裡不作道德評價，只是客觀比較兩種產品模式的優劣。

首先，受到的社會評價不同。服務愉悅，製造痛快，這是對人性的迎合，雖然也是正當生意，但是在社會評價上肯定高不到哪裡去，比如遊戲公司。而營造恐懼、逼人上進的產品，更符合社會主流價值觀，和社會環境的摩擦更小，發展空間肯定更大，比如教育類公司。

更進一步地想，哪種公司更賺錢呢？表面上看，遊戲產業很賺錢，但是跳出來看，針對青少年的遊戲行業和K12的學制教育產業相比，其實產業規模要小很多，差著一個量級呢。道理也很簡單，人們為恐懼買單的熱情遠遠高於為痛快買單的熱情。

再進一步想，如果你創業，你選擇哪種產品類型更能發揮你的創造力？

當然也是後者。

讓人類愉悅的東西就那麼多，這個代碼就印刻在人性底層中。即使花樣翻新，也差別不大。但是讓人恐懼的東西，是在「內心邊界」之外的領域，那空間就大了去了。

你製造一種時尚，用戶就會被喚醒跟不上潮流的「恐懼」。你創造一種文化，用戶就會被喚醒不懂這種文化而被鄙視的「恐懼」。你提供一種人和人連接的方式，用戶就會被喚醒被排在連接之外的「恐懼」，創新的空間無窮無盡。

我們從頭到尾反覆提到一個詞——「恐懼」，「恐懼」這個詞不好聽，甚至會引起反感。但是我們理性地再看一眼這個詞，人類的進步，其實從來都是由它來驅動的。

怎樣做低端產品？

只是把很昂貴的東西做便宜了，在商業上是不可能獲得成功的。在降低價格的時候，也要做到不降低產品在人們心裡的高級感。

最近我看了一本書，叫《特立獨行的企鵝》，講的是企鵝出版社的故事。企鵝出版社你可能聽說過，它是英國一個老牌出版品牌，誕生於一九三五年，目前已經發展成世界上最大的大眾圖書出版集團。它能成功，其中一個很重要的關鍵點在於，它是第一家大量做平裝書的出版社。

平裝書是在二戰時期的美國普及的。不過要說最早打開平裝書市場的地方，其實是歐洲，其中最大的推動力量就是企鵝出版社。我看完企鵝出版社的故事就很感慨，做平裝書這件事，在當時真是太難了。

可能有人會覺得奇怪，平裝書又便宜又輕便，有什麼難做的？大家應該會很喜歡才對，我們今天大部分書不也都是平裝書嗎？這就要回到過去，從當時的現場看，就會覺得很難。

在過去，出版平裝書是很顛覆出版邏輯的事情。在人們的固有印象中，書籍就該是精裝的、厚重的、開本很大的。書店都是上流社會接受過良好教育的人才敢走進去的地方。無論在物質上，還是精神上，書在那個時候都有很強的奢侈品味道。

但其實當時也有便宜的書和平裝書，有一種鐵路連鎖書攤，沿鐵路布局，會出售平裝書，只不過沒人會把在這裡賣的書當成是正經書來看。在這些地方賣的書，基本上就是我們現在說的「廁所書」。

這種書紙張特別差，排版緊湊得不行，字還特別小，而且封面設計得特別花稍低俗，內文中還夾帶各種廣告。火車上的乘客看書，只是為了打發無聊的旅途時間，等火車到站就會丟掉。在圖書、報紙、雜誌等一系列紙質媒體中，平裝書就等於垃圾書。

也有人嘗試做高品質的平裝書，但是這件事在商業上太難了。平裝書的價格低，出版社利潤空間就小，如果市場不能擴大，那能支付給作者的版稅就少。既不賺錢，還沒面子，那麼能寫出好內容的作者，憑什麼把版權給你？所以，最開始的平裝書，只是在精裝書實在賣不動之後出的一種廉價版，不賺錢，權當普及文化做好事。但是這麼一來，就更把平裝書定位在「便宜貨，是窮人用的產品」這個概念上了。

當企鵝站出來說要做平裝書時，所有人都認為它瘋了。可是，企鵝創始人艾倫堅持認為：「許多年來，圖書業一直坐在一座金礦上不自知，人們需要圖書，需要優質圖書，如果有書能用便宜的價格和聰明的方式展現在人們面前，人們就會心甘情願甚至非常迫切地去購買。」艾倫非常有信心。

他到底為什麼能有這個信心呢？秘密就在他說的這句話裡。這句話裡有兩個重點，一個是便宜的價格，一個是聰明的方式。便宜的價格好理解，降低門檻讓更多的人買得起，走薄利多銷路線。這聽上去沒什麼了不起的，但是企鵝的書的價格在當時看來，不僅僅是便宜，而是便宜得不像話。同樣內容的書，平裝本價格大概是精裝本的二十分之一，相當於一包菸的價格。就因為賣得太便宜了，其他出版社、作家和書店心臟都受不了了，他們譴責企鵝是在擾亂市場，毀滅這個行業。

有個小故事，企鵝剛剛起步時，創始人艾倫去拜訪一位出版商，這位出版商還賣了一批版權給企鵝。出版商一見艾倫，就憤怒地說：「你這個混蛋毀掉了整個圖書界！」艾倫說：「可是如果沒有你賣給我版權，我也做不成這件事情。」出版商說：「我當時只是覺得你一定會失敗，給你版權只是想在你破產之前，先賺你四百英鎊而已。」當時誰都不看好他。

可是書是有成本的，也是需要賺錢的，就賣一包菸錢，再怎麼樣也不可能有多少利潤可賺。所以艾倫唯一的辦法就是讓足夠多的人來買。這就是第二句話中說到的「用聰明的方式去賣書」。企鵝在一開始就想得很清楚，要想把銷量做上去，就要問這麼幾個問題，那就是搞清楚看書的都是什麼人，他們想要的是什麼，他們在什麼情況下會讀書。

那個時代的書店是上流社會的人才會去的地方，普通人對去書店買書會有壓力，而且平裝書在書店裡是最不入流的品種。所以企鵝一開始就沒打算把自己的書放在書店裡去賣。它的銷售渠道是火車站或連鎖商店。

不過這就帶來了第二個問題，那就是企鵝的平裝書很容易被和過去那些不上檔次的劣質書、廁所書歸成一類，照樣沒有出路，大家還是看不起。

如何提高區分度呢？企鵝想出了一個今天看起來很平常，但在當時非常顛覆的辦法，那就是給圖書打商標，它是第一個把「品牌產品」的概念引入圖書業的出版社。比如，選擇識別度很高的「企鵝」形象作為商標，聘請專業的設計師來設計「統一的、容易被識別的封面」，這都是在對產品進行品牌化的包裝。

而且在內容方面有定力，堅決不選低俗內容。在企鵝最初的十一本書中，所有的書都是名家經典，其中包括海明威、推理女王阿嘉莎．克莉絲蒂的作品。關於企鵝選題的標準，艾倫給出了一個很生動的場景來描述，那就是：「買了這本書，放在家裡。當一位牧師來喝茶，你願意把書擺在顯眼的地方體現自己的品味。如果你願意，這就是企鵝要選的書。」

後來，企鵝圖書的種類逐漸拓寬，就開始選擇使用顏色來區分類型，綠色是偵探小說、藍色是傳記、灰色是時事，企鵝書統一設計風格，並用顏色區分題材，具有很高的識別度。遠遠看見誰手上拿著企鵝的書，一眼就知道他在看什麼類型，增加了不少話題。

和原來那些不上檔次的劣質平裝書相比，設計精美、內容有品味的企鵝圖書不僅非常顯眼，而且迅速進入了一般家庭的生活，讓讀書從奢侈行為變成了普通人也能消費得起的享受。據說，就在企鵝引發巨大轟動之後，歐洲最大的航空公司還考慮向乘客免費發放企鵝圖書，用來顯示自己的航班很高級。

還有一點也很有意思，企鵝出版社在剛起步的時候，是只做平裝書的。有人可能會問，精裝書能賺錢也做嘛，平裝書也能做，開一條新的嘗試性的業務線。為什麼一點精裝書都不做呢？

別的出版社是先出精裝本，再出廉價版。也就是同樣內容的東西都是先賣更高端的版本，等有錢人買的差不多了，再出便宜一點的給剩下的市場。這無形中就讓人有一種「因為買不起更好的書，我只好多等一段時間買廉價版」的感覺。

但是企鵝不一樣，它只有一個版本，那就是平裝書。顧客有錢也好，沒錢也好，都只有這一種選擇。購買企鵝的書根本不用承受其他人鄙視的眼光。

從表面上看，企鵝只是把一個以前很昂貴的東西做便宜了，但如果僅僅是做便宜，在商業上是不可能獲得成功的。它還做到了另外一件事，那就是在降低價格的時候，沒有降低書籍在人們心裡的高級感。或者說，企鵝的成功在於，它賦予了一件東西新的價值感。

超級符號就是超級創意，
品牌符號和基因一樣，
它可以穿越時間，長久留存。

第 4 章

品牌寄生

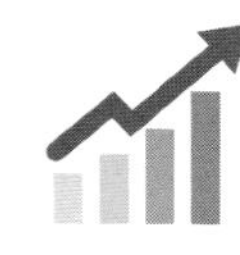

到底什麼是品牌？

品牌是企業唯一能夠穿越時間的資產，是一切企業活動的目的本身。

市場上講品牌營銷的老師非常多，但華杉老師很特別，淺層的原因有兩個。

第一，他的「華與華」公司，是我看到的唯一一個自己創立一個品牌理論，然後自己也是按照這個理論來打造自己公司的品牌。比如他建議他的顧客怎麼做廣告，自己也怎麼做廣告，比如他建議顧客請知識顧問，他自己也請知識顧問。這叫什麼？這叫自己說的話，自己真信。在市場上做到這一點的人，不多。

第二個原因，就是我們公司的品牌顧問請的也是他。這叫什麼？我們自己做的課，我們自己也在用真金白銀跟著學、跟著實踐。在市場上做到這一點的公司，也不多。這是淺層原因。

深層原因是，這套方法論，不僅是品牌觀，也是商業觀，甚至是世界觀和人生觀。我覺得要聽這門課的人絕對不是要做品牌的人，而應該是所有人，因為這套思想對我影響很大。如果不是從世界觀的底層邏輯出發，這套品牌理論的很多命題，聽起來就很怪。比如，他主張，所謂品牌就是占傳統文化的便宜。所謂的超級品牌，就是超級符號。做品牌，千萬不要老想著創新，關鍵是重複等等。

我就從世界觀底層出發，來聊聊學習這套方法論的心得。

我和這套方法論的第一次相遇，其實還不是和華杉老師，而是和他的弟弟華楠老師，也就是現在讀客的創始人，「華與華」的另一個「華」。他和華杉，思想的側重點不一樣，但是底層邏輯是一致的。

那是五、六年前，我們剛剛創業。有一次華楠來北京，經朋友介紹，我去拜訪他，在一家酒店的大堂裡聊了兩個小時。我就請教他，「華與華」這個品牌方法的核心是什麼？華楠說，就是一句話：「超級品牌就是超級符號。」我一聽，心裡就打鼓。品牌方法，當然要講符號，但還要講符號的傳播啊。設計了一個符號，怎麼作創意，怎麼營銷，怎麼講故事，怎麼做廣告投放，這些難道就不重要？

他說，沒那麼重要，符號本身才重要。我不怎麼理解，就接著問，那什麼才叫超級符號呢？他當時的回答是，能夠召喚起古老記憶的符號，就是超級符號。他還舉了一個例子：華與華當時剛剛為一個醬油品牌設計了一種綠格子的符號。他說，這就是超級符號。因為綠色的格子，讓人一下子就聯想起餐桌的桌布。占有這個符號，就是一款醬油產品的超級符號。

我聽後更是將信將疑。有多少人能夠想起綠格子就是餐桌布？餐桌布和醬油有什麼關係？就算想得起來，有什麼用呢？難道作品牌策劃，就是設計一個符號、一個LOGO？這也太簡單了。當時我和華楠老師的談話大概有兩個小時，現在能記起來的，就是這兩句話：第一，符號最重要；第二，喚起古老記憶的，才是品牌的超級符號。他當時說的其他很多話，現在看來，我根本沒聽懂，所以也沒記住。

這之後的幾年，我們是分頭創業。華楠做的讀客圖書，在圖書市場上異軍突起。華杉的品牌諮詢生意也做得越來越大。過程中，我讀了他們寫的書，自己也在實踐中摸索。

有一天，我突然知道他們在說什麼了。這是一個很大的腦洞。華杉兄弟的這套方法，在底層世界觀上，需要我們倒過來看世界。在通常的感受中，品牌是什麼？品牌是企業經營的一種工具。為了提高用戶、顧客對自己產品和服務的識別性。大家一看就明白，哦，這是一個什麼牌子的產品。好的品牌，能夠降低顧客的選擇成本。企業要做品牌，就是希望這個工具能好用。

而倒過來看的結論是，企業也好，產品也好，服務也好，所有這些其實都是品牌的工具。

企業就像是一個人，它創立、奮鬥、成長，看起來它的股東、創始人是操之在我。但是企業是有壽命的，了不起也就一、兩百年。但是品牌呢？更準確地說，人類活動留下來的符號呢？這就有點像基因了。品牌符號和基因一樣，它可以穿越時間，長久留存。

漢朝一八〇〇年前就覆滅了，但是「漢族」這個符號留下來了。

一九八〇年，桑德斯上校過世了，但是他創立的ＫＦＣ和肯德基爺爺的形象符號留下來了。現在他還天天站在肯德基門口和我們打招呼，雖然這個企業和他們家族沒關係了。

人類文化，本質上就是一個符號系統演化的過程。秦皇、漢武、唐宗、宋祖，不管活著的時候有什麼豐功偉業，死了之後，他留在人類歷史上的就是一個符號和關於這個符號的認知。符號是人類的一切活動、奮鬥，唯一可以穿越時間、穿越進化剪刀之後留存下來的東西。

企業也一樣，就是人類社會的一種生產組織形式。什麼東西是可以穿越時間的？人肯定不能，錢也不能，其他什麼技術、產品都不能。只有符號能回到我們前面問的那個問題：是品牌為企業服務，還是企業在為品牌服務？

按照我們這個視角，一家企業最終的產品，就是為了在人類文化長河中留下一個符號。過程中賺的每一塊錢，出產的每一代產品，來去匆匆的每一個員工，都是在為打造這個最終符號服務。

所以，品牌是什麼？按照一般的觀念，品牌是企業的資產之一，甚至只是比較軟的那一種，是處於從屬地位的，好像沒有帳上的真金白銀那麼實在。

但要是跳出來，從長期的角度看，品牌是企業唯一能夠穿越時間的資產，是一切企業活動的目的本身。要承認這一點，很不容易。需要一點勇氣、一點想像力。一旦理解了這個角度，我們對什麼是品牌、怎麼打造品牌的看法，就會發生翻天覆地的變化。

品牌寄生：占傳統文化的便宜

華杉老師的品牌方法論，提供了一個方便法門：借用已有的文化符號，寄生在裡面，然後想辦法把這個符號私有化。這就是他經常說的，要占傳統文化的便宜。

在前一篇中，我們只是剝開了這套方法論的第一層面紗，從長期的角度看，品牌不是企業的工具。恰恰相反，企業的一切努力，都是為了在人類的文化長河中能留下一個符號。如果做到了這一點，那麼恭喜這家企業，這個符號，就是你的品牌。由此帶來的一切好處，銷量也好，利潤也好，都是因為你在人類文化的符號演化中貢獻了一份力量而受到的獎賞。

一家企業做得好，不是它自己堆出了一座孤立的高峰，那是不可能的。企業做得好，是因為它回應了社會的需求，創造了價值。這個價值，如果只有一時一地的意義，那麼很快也就消失了。如果價值能夠長久存在，那一定是因為它被整個人類文明接受了。它創造的符號匯入了人類的文化長河，這就是成功的品牌。

超級品牌就是超級符號，這句話的真正意思是，一個成功的品牌，本質上不是企業擁有的財產，更不是可以隨意創作出來的東西。本質上，是因為一家企業創造了價值，得到了人類文明的接納，它所代表的那個符號才被允許匯入人類文明的主航道，可以和那些從古老的過去流淌來的符號，一起滾滾向前。這就是超級符號，在企業看來，這是超級品牌。

那麼下一個問題又來了：怎麼找到這個符號呢？

創造一個嗎？當然可以。但是太難了，成本也太高了。一個歷史名人，他的名字也是被創造出來的符號。但是他的名字之所以能成為被記住的符號，那是因為多少努力、多少因緣巧合，他才能在歷史上刻下自己的名字。

而一般的企業做品牌，根本沒有這樣的條件。品牌方法論，就提供了一個方便法門：借用已有的文化符號，寄生在裡面，然後想辦法把這個符號私有化。這就是他經常說的，要占傳統文化的便宜。

要想理解這個方法，就得回到人類符號演化自身的邏輯裡了。關於符號的演化，有一個壞消息，一個好消息。壞消息是，創造任何一個符號，都是很難的，需要漫長的時間和恰好的機緣。好消息是，人類的符號一直處於演化的過程中。既然在演化，它就需要有人助推，有新的資源加入。誰能夠幫助推進這個符號的演化，誰就有機會把這個符號占為己有，讓它成為自己的品牌。

這麼說還是有點抽象。我們這代中國人就眼睜睜地看到了一個例子：電視春晚。春節，很早就形成了，是一個文化母體。形成這個母體，需要漫長的時間。一路上，不斷有新東西湧進來，充實它、強化它、豐富它。比如，到了魏晉時期，才出現了除夕守歲的習俗；到唐代，出現了拜年帖；到了宋代的時候，出現了鞭炮和春聯；到了明代的時候，開始祭灶神、貼門神；到了我們這一代人，出現了電視春晚。春節這個符號，是不斷往前演化的，越演化越豐富。

央視開始辦春節聯歡晚會的時候，其實並不比辦其他晚會節目更用力。但是，因為這個產品寄生到了春節這個文化母體裡面，借用了文化的原力，它就更容易壯大起來。到現在，即使有人說，春晚不好看，但是春晚仍然是無可爭議的中國電視收視率的絕對王牌。為什麼？這就是借用了文化母體的力量，引爆了幾千年累積的文化原力的效果。

可以想像一下，再過很多年，回看這個階段的電視歷史，那些成本更高、也許當時更受好評的電視節目，可能都被遺忘了，但是春晚不會，它會成為這個階段中國文化的一個標誌。千萬別覺得這是因為這一代電視人的努力。這是因為春節這個符號，流傳到我們這一代人的時候，它需要與時俱進地演化。電視人因為推動了這個演化，所以受到了文化的獎賞，於是就有了電視春晚這個品牌。

這就是回到母體，寄生在傳統符號之中，把它私有化，讓它成為自己品牌的例子。舉個例子，可口可樂。你可能會說，可口可樂這個單詞，也沒有什麼傳統，它不就是活生生自己創造出來的嗎？對，但是正因為如此，它的品牌塑造過程，就不得不借助強大的文化原力，它還是得寄生到傳統符號中。什麼符號？聖誕老人。

今天我們熟悉的聖誕老人形象，就是可口可樂公司創造的，是可口可樂的品牌資產的一部分。在歐洲，先有基督教，後有聖誕節，然後又衍生出了聖誕老人的一系列傳說。這就是文化符號體系不斷衍生、不斷豐富的過程，和我們中國的春節有異曲同工之妙。聖誕老人每年平安夜的時候，會駕著十二隻馴鹿拉的車，從每家每戶的煙囪爬下來，給小孩子送禮物。這已經是一個豐富的符號系統了，裡面有一個老頭、十二隻馴鹿拉的車、煙囪、禮物、禮物放在襪子裡……但是，聖誕老人長什麼樣子呢？請注意，在二十世紀之前並沒有統一的形象，各個國家的小孩想像的聖誕老人都不一樣。沒有統一的形象，這就是符號系統的缺憾，一個品牌寄生的機會就來了。

我們現在熟悉的聖誕老人是什麼樣子的？穿紅白相間的衣服。這就是可口可樂瓶子的顏色。一九三一年，可口可樂請了一個藝術家，叫海頓·珊布（Haddon Sundblom），他按可口可樂的品牌色彩，繪製了現在我們熟悉的聖誕老人形象，從此以後，聖誕老人就被定義成了紅白相間的顏色。

本來，在冬天裡，像可口可樂這樣的碳酸飲料不好賣。但是它的品牌寄生到了文化母體裡面，成了超級符號。一到聖誕節前後，紅白相間的聖誕老人到處都是，可口可樂也是紅白相間的瓶子，它在冬天裡的存在，也就被廣泛接受了。

所以，為什麼現在很多新興的品牌符號，要嘛就是動物，比如天貓、搜狗、搜狐，要嘛就是水果，什麼Apple、芒果TV、梨視頻。就是因為這些動物和植物的符號，不用解釋，每個人都知道，一個新興的企業，寄生在這些傳統符號裡面，能夠最大限度地方便被廣泛接受。

品牌「寄生」，這「寄生」兩個字不好聽，但它絕不意味著取巧，它恰恰是塑造品牌的正路。這是從人類文化的宏觀角度反觀我們微觀的商業行為。從來沒有孤立的商業價值，我們在商業中做的每一點努力，其實都是人類文明演進過程的一部分。我們和這個整體進程一起起舞，希望被它接受，在我們這代人離開之後，如果我們現在的努力成果還能隨著人類文明繼續向前，這就是我們的品牌塑造成功了。這就是這篇講的品牌寄生。主體是人類文明，品牌只是我們搭載上去的那張船票。

做品牌要警惕創新

做品牌是為了進入人類符號系統的主航道，好不容易找到了一個進入主航道的切入點，你拚命鑿開那個切入點就行了。所謂水滴石穿，靠的就是重複的力量。

做品牌最忌諱的就是動不動就想集氣放大絕，或者是搞個創意。相反，成功的品牌塑造，就是要重複重複再重複，不該創新的地方絕不創新。

這個主張，如果只從表面理解，似乎就是把消費者當成了背單詞的孩子，你重複重複再重複，像念咒一樣把一個概念打進他的大腦，讓他永遠忘不掉就行了。至於在過程中，重複是不是煩人，是不是讓品牌顯得不可愛，就不重要了。比如前些年中國電視上到處都是的「羊羊羊、恒源祥」就是一個典型的例子。大家很煩，但是又不得不承認它的廣告效果很好。

那麼為什麼大家忍不住要去搞創新？因為做品牌的時候，他們的思維模型是，所謂做品牌傳播，就是在舞台上面對觀眾演戲。如果接受這個思維模型，那站在舞台上老是講一句台詞，或者是演同一齣戲，觀眾就容易看煩了。所以，就要創新，動不動搞個新動作，吸引觀眾的眼球。

經常搞營銷活動創新的人，他潛意識中的對手就是同一個舞台上的其他演員。人無我有、人有我全、人全我特，錯位競爭，這就是搞營銷創新的原動力。為的就是和其他演員、其他戲班子不一樣。

所以很多人做品牌運營時的思維模型就是，第一，這是面對觀眾的表演；第二，要和舞台上的其他演員競爭。但做品牌真的是這樣的嗎？是面對一群同樣的人表演嗎？

冷靜想一想，不是。做品牌的時候面對的公眾不是台下坐好了不變的觀眾，而是川流不息的公眾。之前也提到過，品牌塑造是一個超越企業個體生命的長期過程。不僅不是對同一群人表演，甚至都不是對同一代人表演。那為什麼要害怕重複呢？

面對川流不息的人群，最好的品牌例子，不就是路牌嗎？這是一條什麼街，名字最好是幾百上千年不變，它才會成為一個大家依靠的符號。如果一個路牌天天搞創新，那還是路牌嗎？

那麼做品牌是和其他品牌競爭嗎？也不是。做品牌是為了進入人類符號系統的主航道，好不容易找到了一個進入主航道的切入點，你拚命鑿開那個切入點就行了。所謂水滴石穿，靠的就是重複的力量。而天天想著和其他品牌競爭，不斷搞創新，本質上就是為了和不相干的人競爭，放棄自己的目標。

其實真正的對手，是時間，是在歷史長河裡和你爭搶這個符號的其他存在。除了反覆重複，用時間的力量放大自己的訊號，沒有別的途徑。

但凡天天想著搞營銷花樣創新的人，都有兩個原因。第一，以自我為中心，揣度他人；第二，眼光窄小，只看得見眼前的舞台和競爭對手。

「華與華」品牌方法論，又是基於什麼樣的思維模型呢？簡單說，就是四個字，「品牌資產」。把品牌當作資產，甚至是企業唯一的資產來運營。

一個企業當然有很多種資產：貨幣、土地、廠房、產品、專利、人才、品牌。聽起來品牌資產好像是最軟的一種。但是在所有這些資產中，哪一樣是可以長久存續的呢？只有品牌。品牌是企業唯一可以帶進歷史的資產。所以我們才說，從長期來看，一家企業的所有行動，都是在為品牌這個資產帳戶存錢。

既然是存錢的帳戶，創新就應該體現在怎麼賺錢上，而不是怎麼折騰帳戶上。我們平時理財的時候，會開一個帳戶，往裡存一筆錢，過一段時間，再開一個帳戶，再往裡存一筆錢，難道老的那個帳戶，連帳戶帶裡面的資產都不要了嗎？但是在運營品牌的時候，還真有這麼做的人。有的企業，每年搞營銷創新。今年贊助一場馬拉松，明年植入一部電影，花錢不少，但哪個帳戶裡的錢也沒存下，都扔了。正確的做法，華杉老師總結了三句話：藥不能停，藥不能換，藥量不能減。比如投放廣告，一旦決定在某個媒介上投放，比如機場廣告牌，那就投放永遠不能斷，上去了你就別下來，因為你是在存錢，在儲蓄品牌資產，就像買養老保險一樣，不能中斷。一中斷，就相當於把裡面存的錢全扔了。這個時候你就不能算，機場廣告牌帶來的銷量是多少。只能算這個帳戶裡的帳。

我每年的跨年演講，就是用這種品牌資產的觀念來運營的。有一年，有個朋友提了一個創意，說能不能每年創作一首主題歌，在跨年的時刻唱起來。可以找著名作曲家譜曲，找當紅歌手來唱，一旦紅了，就能夠提升跨年演講的品牌。聽起來是個不錯的主意吧？

我當時就不同意。理由有兩個：第一，每年創作一首主題歌，這是品牌資產的耗散。雖然每年都創新了，也討好了現場的觀眾，但是跨年演講的符號系統就亂了，相當於把品牌資產儲存在多個帳戶裡面。第二個理由是，既然是資產，我們就要對它的保值增值負責。如果某一年，一首歌真就紅了，那第二年呢？誰能保證第二年的歌還能紅呢？如果不紅，那第二年就是下坡路，跨年演講的品牌資產就貶值了。跨年演講的主題明明是「時間的朋友」，價值應該隨著時間持續增長，我憑什麼要做一件必然會貶值的事呢？這個險不能冒。

當然，我們並不是排斥做一首主題歌。我們只是想做一首一旦用了就永遠不變的主題歌。一劑藥，要嘛不吃，吃了就藥不能停，藥不能換，藥量不能減。所以我們平時經常和同事講，我們提倡創新，但是我們要的是那種一旦開始就不改變的創新。

春晚是不是就是這樣？每年都換歌，其實沒有幾個能留下來成為品牌資產的。反倒是那首幾十年從來不換的〈難忘今宵〉，成了春晚的標誌性的歌，也就是它的品牌資產。

廣告界有一段著名對話，有兩個老哥們在生意上合作了五十年，一個是廣告商，一個是花錢做廣告的廣告主。

有一天，這客戶就問廣告公司老闆：「兄弟，我們合作了五十年，也就是說，我付了你五十年的錢。但是，剛才我回顧了一下，發現你除了第一年第一次提案以外，後面四十九年沒給我做任何新創意啊！你沒做事還賺我的錢？」

廣告公司老闆回答說：「誰說我沒做事？對啊，我這後面四十九年，一直在全力阻止你做新創意啊。」這樣的廣告公司才是合格的。他為你看守住那個帳戶，不許你換，讓你把全部的創新能力都投入到升級產品、升級技術、升級管理上面。這是在為這個品牌資產帳戶賺錢、存錢。

如果你認可了「品牌資產帳戶」這個思維模型，那接下來我們就來聊聊，怎麼運營這個帳戶，讓它保值增值。

品牌戰爭的難點在哪？

選擇符號、占有符號，直到把它私有化，這既需要智慧，也需要投入資源的意志力和戰略決心。

在前幾篇中，我們做了一些理論上正本清源的工作。但是可能給你留下了一個印象，就是按照這套方法論做品牌，似乎也挺容易的。無非就是找一些古老的符號，設計一個LOGO，想一句口號，然後一直堅持就可以了，「要重複，不要創新」。

品牌塑造，真的這麼簡單嗎？要做一件困難的事，但是用了看似簡單的方法論，那一定是因為：在一般人沒有注意到的地方，還有非常慘烈的戰場。

我自己學習下來，覺得最難打的是兩個戰役。第一個，是「符號私有化」之戰；第二個，是「訊號強度」之戰。

先說「符號私有化」。在營銷領域，有一個詞，叫「蹭流量」。也就是說，別人有關注度，我站在他的旁邊，別人看他熱鬧的時候，順帶也能看到我，能夠帶動我的傳播和銷量。這個動作的本質是「蹭」，是占便宜，是搭便車。付出的廣告費就是搭便車的車費。實際上，現在的廣告營銷行為，絕大部分都是基於這個模型的。

但是華杉老師的這套方法論，野心要大得多。不是蹭，是要占有，是要把一個古老的符號「私有化」。表面上，是你採用了這個符號作為你這家企業的品牌標誌，實際上，是這個古老的符號，流傳到了現在這個時代，挾帶了你這家企業、你這家企業的產品往未來走去。這是互相看對眼，你跟它是一體的，把它私有化了。

還是舉春晚的例子。表面上，是央視辦了一個電視節目，蹭了春節的流量。其實是央視占有了春節這個符號，把它私有化了。春節這個古老的節日，在我們這個時代，它的標誌就是春晚這個節目，它們兩個是一體的。

這裡面就有很激烈的博弈了。首先，那些古老的符號，都是一些龐然大物，你要像馴化一匹野馬一樣，把它變成你的私家坐騎，這得有多難。其次，如果大家都看得到這些古老符號的價值，都要搶著馴化它們，把它們私有化，你就還要面對同時代人的競爭。

比如銅錢這個符號，就來自中國古人用的那種外圓內方的銅錢。現在中國人早就不用銅錢了，甚至連現金都不用了。但是，符號是不死的。它一旦創立出來，就會在每個時代挾帶新的內容滾滾向前。所以，銅錢這個外圓內方的符號，在現在我們這個時代，就成了財富的標誌。這不就是我們要寄生進去的那個古老的符號嗎？這自然會引來大量銀行機構對這個符號進行「私有化」的衝動。

古老符號可不受什麼智慧財產權法保護。所謂「秦失其鹿，天下人共逐之」。所以，你看，中國多少家銀行都在使用銅錢符號作為自己的品牌標誌。銀行都在搶這個銅錢符號，結果都堵在門口，暫時誰也不能徹底完成這個符號的私有化。

所以既要選擇古老的符號寄生在裡面，又不能是大家都在發力爭搶的符號，這就難了。

那怎麼辦呢？我以我們「得到」App舉例，這套品牌符號就是華杉老師設計的，LOGO是一隻貓頭鷹。從古希臘開始，貓頭鷹作為雅典娜女神的伴侶，就是智慧和知識的標誌。「得到」App是做知識服務的，當然一拍即合。但是隨便畫一個貓頭鷹符號是不行的。現在幼兒教育的很多品牌，都用了貓頭鷹的符號。而「得到」的貓頭鷹必須有絕招兒，它是從古希臘的錢幣上的貓頭鷹形象演化來的，寄生的原型更徹底、更正宗。

我們的口號「知識就在得到」，其實是寄生在培根的那句名言「知識就是力量」裡的。這兩句話不是原話，但是你念「知識就在得到」這句話的時候，「知識就是力量」那句人人都知道的話，就構成了它的背景音。

「得到」App在這場符號爭奪戰裡採取的方法就是，要嘛大家用，但是我用得更正宗；要嘛，大家都用，但是我換個方法用。

所以選擇符號、占有符號，直至把它私有化，這既需要智慧，也需要投入資源的意志力和戰略決心。

這套方法論還有第二個殘酷戰場，是「訊號強度」之戰。這個更難，因為這場戰鬥的對手，不是別人，就是自己的審美。

一般我們要設計一個品牌符號，要求就是美。說到「美」這個字，你首先想到的是什麼？協調？高級？也許都有，但是這些感覺中唯獨不包括訊號強烈和刺激。而你選擇一個符號作為自己的品牌，當然是發射的訊號越強，你占有它的成本就越低，效率就越高。就拿做個牌子、上面只有字符來說，訊號要強，字就要大，但是站在專業審美者的角度看，字要大，就未必很好看，所以這中間有一個矛盾。

比如說，你是一個房地產發展商，要建一個小區開賣了。現在有兩個名字給你選，一個叫白銀莊園，一個叫蘭喬聖菲，如果你是發展商，你會選哪一個？

直覺上，蘭喬聖菲更高級，白銀莊園很俗氣，很多發展商會選擇第一個。但是，從符號的訊號強度來說，那可就差遠了。白銀莊園，誰都聽得懂。而蘭喬聖菲這個名字，你打電話告訴別人你家的住址，就得說「我家住在蘭喬聖菲小區，蘭就是蘭花的蘭，喬，喬丹的喬，聖是神聖的聖，菲，草字頭下面一個非常的非」，要解釋這麼多才說得清楚，還談得上訊號強度嗎？

所以，甲方要求乙方的品牌設計風格是什麼「高端大氣上檔次、低調奢華有內涵、奔放洋氣有深度、簡約時尚國際風」，但是如果用這些詞的要求去設計一個品牌符號，那就錯了，品牌符號要的是扎眼醒目訊號強。

在塑造品牌的過程中，這種矛盾和博弈隨時都會發生，往往是自己和自己的博弈。我到現在也沒能徹底說服我們的同事，我們那個很扎眼醒目訊號強的貓頭鷹形象是一個很棒的品牌符號，我們很多同事經常說它不好看。

每當聽到這樣的抱怨，我心裡想的是，我不管它現在好不好看，我只要它訊號強。只要它訊號強，它的傳播成本就低，我們的傳播效率就高。如果它現在不好看，那我們就通過未來幾年、幾十年的努力，讓它變得好看。我們做得越棒，大家看這隻貓頭鷹就會越順眼。占有了一個符號，讓它變得更好，這本來就是我們的責任。

我們平時看一個人忙來忙去，都在辛勤工作，
但是他背後的心智模式可能是不同的。
有的是在和世界做交易，
有的就是在給自己做投資。
最後結果不同，其實取決於心智模式的差異。

做品牌，你是在消費還是在投資？

在品牌這件事上，你花錢花精力，把它看成是消費還是投資，結果是截然不同的。

華杉的方法論，是建立在底層世界觀上的，所以不僅對做品牌、做公司的人有用，對我們思考商業世界，甚至自己立身處世，都有價值。

這套方法在世界觀上對我很有啟發。總結起來，其實就是一個顛覆：我們的所作所為，究竟是在和世界做交易，還是在對自己做投資？

我們先來看品牌世界的事，過去企業做品牌，尤其是在做廣告投放的時候，有一句名言：「我的廣告費有一半浪費了，但是我不知道是哪一半。」要花錢做廣告的人，聽到這句話，總是會點頭。對啊，我花錢做廣告，但是看到我廣告的人，又不會全來買我的東西，我這部分的廣告費可不就浪費了嗎？

所以，長期以來廣告業努力的方向，就是不斷提高精準度，把浪費廣告費的那一半人找出來，省下為他們花的廣告費，這就是所謂的精準投放。這個道理樸素得就像是我到飯店點了一桌子菜，但是有一半我沒吃，那下回這些菜我就不點了。

但是你有沒有意識到一個問題，這番話用的是交易的心態和消費的心態來看品牌經營的問題。在這種心態下，花錢做廣告，本質上是在買用戶。我有錢，你有人，大家做個交易吧。這麼做，本來也沒有什麼不對。但是，如果你看待品牌經營的唯一心智模式就是這個，就有問題了。

比如，現在有一家媒體跟你說：「我是良心商人，我不浪費你的廣告費。你到我這裡做廣告，用戶沒點開看，我不收你費，甚至他不買你的東西，我都不收你費。只有當一個用戶實實在在為你花錢了，你再給我廣告費，好不好？」有這麼好的事嗎？有，現在網路上的精準廣告，就是這樣的。那結果是什麼呢？你就問自己一個問題，如果一筆交易，你能賺十塊錢，你願意花多少錢做廣告？一塊還是五塊？

如果有人說，我能確保你的廣告費變成利潤，那你肯定會說，就是花九塊九毛九做廣告，我也願意。因為賺一分錢也是賺。但是旁邊你的競爭對手說了，我賺十塊錢，我願意花十塊錢做廣告。生意雖然沒賺錢，但是我賺到了一個用戶啊，這個帳還是划算的。

這種博弈到了最後，局面很清楚：全行業都在收支平衡線上生存。整個行業，就是在為這家媒體打工。這不是在推演極端情況，在網路精準廣告領域，這已經是活生生的事實。

這不是網路媒體在算計這些企業，這背後是有天理的。整個產業鏈條上，誰創造了價值，誰就拿走利潤，這就是天理。你的用戶不是你自己創造的，是媒體導給你的，你一點都沒出力，連風險都沒有，你憑什麼拿走利潤？你可能會說，我的產品和服務很好，憑什麼不能賺錢？如果你的產品和服務很好，怎麼不能自己吸引來用戶呢，你要去買流量？如果你大多數用戶都是買流量買來的，你拿什麼證明你的產品和服務很好呢？

如果用消費模型來理解品牌建設，這是有內在矛盾的。你花錢買，越有效，廣告資源就越貴，最後反而像吸毒一樣，把自己的競爭力和未來都買掉了。

那該怎麼辦呢？這就是「品牌資產」這個概念的價值了。你投放的每一筆廣告費，不是在買用戶，不要談什麼性價比，本質上你是在往一個帳戶裡存錢。這個帳戶，往小了說，就是那個超級符號；往大了說，就是整個社會公眾對你的認知。

比如，你在機場豎了一塊大廣告牌。豎了一個月，一看，好像銷售沒有什麼增長，就撤了。這就是在用消費的心態買用戶，一看沒有用，你只好承認這次消費失敗。花掉的錢也就白白扔掉了。

但是如果你不管什麼銷售數字，堅持把這塊牌子豎上十年二十年呢？經常坐飛機的人，對你這家企業多少就有點印象。時間越長，印象越深，不僅有印象，甚至是好印象，這家公司一直信心堅定地把錢砸在這裡。這就是投資，花掉的錢，以另外一種方式儲存在品牌帳戶和公眾認知裡了。

當然你別有一個誤解，投放廣告就是不算帳，玩命似地往裡傻傻投錢。從投資的角度來說，只要你按照文化母體、品牌寄生、超級符號這一套方法論不斷往裡投資，只要你別動不動就搞營銷創新，亂動資產帳戶，那企業的所有活動，不僅是廣告投放，也包括產品包裝、辦公室裝修、名片設計、產品升級，都是在一點一滴地往這個公眾認知帳戶裡儲存資產。最後的結果是你的品牌帳戶越來越滿，而你的流量變成免費的了，顧客自動來了。

我們自己其實也是按照這套邏輯在行動。比如，我從二〇一二年十二月二十一日起，每天早上六點半，在羅輯思維微信公眾號裡發送一條六十秒的語音。一秒不多，一秒不少，風雨無阻，假日無休。到今天，已經是二千三百七十二天。一開始，我就承諾，這個語音，我要發十年，也就是要這麼一直說到二〇二二年的十二月二十一日。

剛開始，因為這種堅持，羅輯思維公眾號用戶猛漲，我們迅速成為國內的龍頭大號。但是現在呢？因為各種原因，微信公眾號的打開率整體都在下降，我們這個號雖然還有一千二百多萬用戶，但是每天聽我六十秒語音的人，已經只有幾十萬了。

那我繼續堅持做一件不增長的事情，還有意義嗎？有意義。這個意義，不僅在於遵守承諾。實際上，記得我那個十年承諾的人，估計也沒幾個。堅持下去的意義在於，我在用自己的勞作，往一個帳戶裡存錢。這個帳戶往小裡說，是「羅輯思維」這四個字的符號，往大裡說，就是公眾對我、對我們這家公司的認知。

你就想像一個場景。某個用戶，早年聽過我每天早上的六十秒語音。但是後來聽煩了，公眾號的訊息也太多了，他就不聽了。但是，多年之後的某一個機緣巧合，他又偶爾聽到了一條。他的心裡一定會感慨，這個胖子居然還在這裡每天嘮叨六十秒。你說，那個時刻，他對我，是不是會多出一份尊重？對於我們這家公司，會不會多出一份信任？

如果做到了這一點，我的投資就成功了。這和這個公眾號用戶漲不漲、有多少人聽，沒什麼關係。到了二〇二二年的十二月二十一日那一天，我正式結束這十年發語音的生涯，那我就累積起了一筆可觀的品牌資產。不僅可觀，而且獨特。因為再也不會有人做這樣的事了。十年時間築起來的門檻，非常非常高。

在品牌這件事上，你花錢花精力，把它看成是消費還是投資，結果是截然不同的。

不僅是做品牌，對應到我們的生活中，其實也是一個很樸素的道理。與其天天鑽頭覓縫、找各種機會，不如把這些時間和金錢投入到自己的能力建設上。機會稍縱即逝，而且別人給你的機會，說不定反而是陷阱。而投資個人能力就是累積一個資產帳戶，只能越存越多，看起來慢，但是你永遠在享受時間帶來的複利，其實快得很，收益也穩定得多。有了能力之後，機會也就來了。

所以我們平時看一個人忙來忙去，都在辛勤工作，但是他背後的心智模式可能是不同的。有的是在和世界做交易，有的就是在給自己做投資。最後的結果不同，其實取決於心智模式的差異。

三波消費浪潮與三種營銷

中國這幾十年發展太快，其實是三波消費浪潮疊加在一起，市場上同時共存三種消費現象。哪一種營銷工具都有用武之地，只要別搞混就好。

經常能遇到有人討論營銷策略問題，就好像營銷方法是一個武器庫，每個企業可以隨便拿起一樣就用，反正多少有點殺傷力，只要能把東西賣出去就行，好像營銷方法的區別只在於有沒有本事用得好它。

有人說質優價廉是營銷的王道；還有人說差異化競爭才有勝算；還有的說，流量紅利沒有了，社群營銷才是未來，關鍵要拉群賣貨。那到底這些營銷理念和工具，哪個才對？

這個問題不能眉毛鬍子一把抓，籠統地談是沒有結果的，要把這個問題討論明白，可能得看另外一個詞的發展軌跡，那就是「消費」。

消費，就是買買買。自古就有的買買買和現代社會的「消費」，到底有什麼區別？

不要小看這個區別，這當中，包含著人類市場形態的一個重要轉折。

二百年前傳統農耕社會的購買行為其實沒什麼可變化的，無非是衣食住行，內容簡單，數量變化也小。一直到一百年前，二十世紀前期，經濟學分析市場時用的還是馬歇爾需求理論，假設消費者需求不變，在這個假設前提下，經濟學家再去分析商品數量和價格的關係。

二十世紀之前的經濟學著作，你看裡面列舉的商品的案例，通常也是糧食、棉花、煤炭之類的。那個時候，「消費」這個詞不重要。消費需求相對不變，只是一個開足生產力，要去滿足的對象。這個觀念，代表性的企業是福特汽車。

亨利．福特發明了生產汽車的流水線，生產效率大爆發。一九一四年，福特公司每九十三分鐘就能生產出一部T型車，這個生產能力超過了同期其他所有汽車生產廠家生產能力的總和。一九一四這一年，第一千萬輛福特汽車問世。當時，全世界90%的汽車都是福特公司生產的。

實際上，早在福特汽車如日中天的一九一四年，就有人警告，市場已經變了。汽車生產廠不能只根據自己的判斷來生產汽車，還必須迎合消費者的需求。但老福特根本聽不進這種話。我價格低、效率高，憑什麼不能獨步天下，壟斷市場？如果在這種消費趨勢裡，營銷的王道就是產品的高性能、高質量和低價格，這話肯定沒錯。

但是，老福特自己也沒有想到，這個故事最後居然講不下去了。僅僅十多年後，一九二六年，T型車的生產量就已經超出了訂單量，需求得到滿足後，繼續生產就等於增加庫存。一九二七年，T型車只能停產，福特也被通用汽車趕下了最大汽車生產商的位子。

一個新的關鍵詞出現了——「迎合」。消費者的需求不再是清晰的、不變的，它變靈活了，有了自己的意志，需要生產者去迎合。

通用汽車幹掉福特靠的不是更高的質量、效率和更低的價格，它靠的就是這個迎合。它向市場推出了多種顏色、多種款式的汽車，它能更準確把握消費者的需求。從這個時候市場就開始改變了，市場調查技術首次在美國出現。市場調查人員通過訪談、小組座談、測試等專門的技術，深入瞭解消費者的需求。

「消費」這個詞，就是這個時候開始活躍起來的。它和「購買」這個詞的含義開始有了區別。購買不見得有選擇的意思，幾十年前物資緊缺的時代，購買還得求人，但消費不同，從一開始就包含需求多樣化和作出選擇的含義。而企業要做的，是勸說、促使消費者選擇自己的產品。

緊接著發展起來的是廣告業。到了一九三〇年，美國企業的廣告預算幾乎翻了一番，那可真是廣告公司發展的黃金時代。這個階段營銷的本質是差異化。廣告在那個時代，就是產品差異化、多元化、迎合消費者需求的主要工具。

這就是我們要講的那個重要轉折點嗎？還不是，重要轉折才剛剛開始。這個時候企業漸漸意識到，需求不是用來滿足的，甚至也不是用來迎合的，第三個重要的詞出現了，消費者的需求是可以「創造」出來的。

這方面的先驅是大心理學家佛洛伊德的姪子，愛德華．伯內斯。他操作的經典案例，是一九二九年幫助美國菸草公司說服婦女，在公共場所吸菸是女性解放行為，他告訴大眾，香菸是「自由的火炬」。

香菸當然不是什麼「自由的火炬」，吸菸是一種危害人體健康的不良嗜好。伯內斯的高明之處在於，以往的廣告宣傳都極力宣揚產品本身的種種優點——可香菸哪有什麼優點？他轉變了方向，構建出一種有吸引力的生活方式，把他的產品嵌入到這種生活方式之中。他出售的不再是某種產品，而是某種值得嚮往的生活方式。伯內斯不愧是佛洛伊德的姪子，深知人類的心理需求。

想一下現在的廣告，大家就會意識到，這種宣傳方式已經成了當代廣告的主流。它不是競爭的工具，因為生活方式都是獨特的，競爭的成分很少，它是創造新需求的工具。

可口可樂是同樣的廣告路數。它們從來不會在廣告中直接鼓吹飲料本身的優點，糖水有什麼優點？它要營造的是青春、活力、激情洋溢的生活場景。汽車也一樣，要不車展上為什麼有那麼多車展女模？這也是生活場景。

這個階段營銷的實質就發生改變了。它已經不是討好消費者，不是滿足消費者的需求，而是和顧客一起展開對生活方式的想像。消費行為，是企業和顧客共同參與創造出來的行為。顧客心裡的小火苗如果不能成功點燃，企業說什麼都沒用。

梳理了消費發展的這三個階段後，我們就能明白，營銷策略不是一個通用的武器庫，拿起什麼都有戰鬥力，都能把貨賣出去，不是所有產品都能用生活方式標籤推廣，也不是所有產品都可以用價格策略通殺。

但問題在於，中國這幾十年發展太快，其實是三波消費浪潮疊加在一起，市場上同時共存三種消費現象。

第一種，需要你去滿足的消費；第二種，需要你去迎合的消費；第三種，需要你和消費者共同創造的消費。應對這三波消費浪潮的能力也不同，第一種是產能，第二種是市場營銷技術，第三種是對於生活的想像力。

市場的這種分化，帶來一個壞消息和一個好消息。

壞消息是每一個企業在自己的觀念和市場區隔裡，很難理解其他市場的玩法。還記得有人對拼多多如潮水般的批評和鄙視嗎？還記得有人對一些新興企業的嘲諷嗎？本質上，這都是因為不在同一個消費趨勢裡帶來的認知偏差。

那好消息是什麼？好消息是，中國市場足夠大，哪一種消費方式都有廣闊的舞台，哪一種營銷工具都有用武之地，只要別搞混就好。

醫療行業也能建立品牌嗎？

所謂「精品完備性」不只是產品品種上要好，要完備，還要求它們內部連接上的完備性，這裡面可以努力的空間非常廣闊。

在醫療這個行業裡，有一個很要命的問題，就是很難建立品牌信任。因為訊息不對稱。其他的消費，到餐館裡吃個飯，或者是買個電子產品，消費者很容易判斷這個產品和服務的質量，這就是訊息對稱。

但是醫院不行，消費者沒有這個判斷能力。就說一點：越是大醫院，往往病人死亡率越高。這是因為大醫院醫療質量差嗎？不是啊，因為重症病患都往大醫院送。醫療服務的效果，很難用治癒率、出院率、病死率這些客觀指標來衡量。這就是訊息不對稱。

那問題就來了：客觀指標無法衡量，消費者甚至都無法瞭解自己接受到什麼樣的服務，一個醫療機構怎麼建立品牌呢？

靠做廣告嗎？做廣告確實能提高一個醫院暫時的收入，但是我們的經驗都知道，廣告做得越狠的醫院，往往品牌越糟糕。靠提高服務體驗？就算把病房修得和皇宮一樣也沒用，病人是來治病的，不是來度假的。

回頭再來看梅奧的這個案例，就很有意思了。在美國，很多人的態度是，「如果真得了大病，那就值得去一次梅奧」。雖然大多數美國人已經可以在當地獲得很好的醫療服務，但是每年仍然有數以萬計，來自美國五十個州和一百五十個其他國家的患者來梅奧就診。一百五十年品牌屹立不倒，美國第一醫療機構的品牌，就活生生地立在那裡，梅奧是怎麼做到的呢？

其實也不只是美國的梅奧、霍普金斯這樣的醫院了，中國的協和、同濟、湘雅這樣的著名醫院，也是一樣，品牌既強大還持久，往往都是百年品牌。這說明，在醫療這種極難塑造品牌的領域，它也有一套獨特且有效的品牌塑造手段。

這兩年，因為我們從事知識服務這個行業，這也是一個嚴重的訊息不對稱的行業，所以我對梅奧的經驗很重視，蒐集了關於梅奧診所的大量資料，發現它厲害的地方很多，科學研究精神、管理制度、服務體驗等方面，都做得很好。但是其中有一點給我啟發很大，那就是它提供服務的完備性。

梅奧雖然叫梅奧診所，但你別覺得它是個小診所，它可是貨真價實的綜合性醫院。綜合到什麼程度呢？你可以專門去數一下，我們中國的三甲醫院的科室數量一般在五十個以下，而梅奧有七十一個科室。從感冒到癌症，到關節置換到整容外科，再到器官移植，梅奧的醫療服務非常齊全。尤其是很多第一次看病的病人，其實是不知道自己得了什麼病的，多一個科室，其實就多了一分病人選擇你的可能性。再想像一件事情，就是病人躺在手術台上，如果它的綜合實力強、它的服務有完備性，那病人遇到風險的機率也就會大大降低。

為了做到這種完備性，梅奧還建立了一個有趣的制度，叫「召集醫生」。可以把他理解為病人的產品經理，他會從頭到尾負責這名患者的就診過程，而且還會根據患者的病情，召集不同專業的醫生加入這個病人的診療小組中。也就是說，這個病人的身體到底怎麼治，病人可以不管，把自己放心地交給醫院，醫院來承擔完備性的責任。

因為訊息不對稱，病人來醫院，不僅不能判斷供給方的服務質量，甚至也不知道自己這個需求方究竟要什麼。所以醫院最好的服務當然就是承擔全部責任。梅奧很重要的一個秘密，就在於這裡，它勇敢地把自己的責任前置了，它真的試圖提供整套的醫療解決方案。

那麼這和一個醫療機構的品牌建設有什麼關係呢？關係很大。一個機構為什麼要建品牌？道理很簡單，就是降低用戶選擇它的成本。品牌越強，大家就越信任，可以不假思索地選擇。

但是這裡面也有兩個不同的策略。一個是，在所有的競爭者當中，我最好，所以你選我。這就是今天大量品牌採取的策略。做廣告，站在用戶面前說我最好。還有一個策略是讓人不用選，到我這裡來，全交給我吧。這種策略，可以稱之為「精品完備性」策略。就是我這裡選擇雖然沒有那麼多，但是都不錯，而且很齊全。所以你不用選，相信我就好了。

你會發現，我們生活的這個時代，這兩種品牌策略正在此消彼長。後面這個精品完備性策略，將會漸漸變成主流策略。

因為現在的市場，醫療機構、教育機構的訊息不對稱越來越嚴重，消費者選擇的訊息負擔越來越重。與其提高你選擇我的概率，不如直接告訴用戶，你不用選，你相信我就好。

今天的一些購物中心採取的都是這個策略，其實消費者未必確切地知道裡面都有什麼，好在哪裡。但是只要建立一個印象就行，去那裡什麼都有，購物、餐飲、電影、娛樂、滑冰場，很齊全，都還有基本的品質保障，這個購物中心就會成為消費者的休假日目的地。這是精品完備性策略。

還有，美國的超市Costco，在它的商場裡只能找到大概三千個品項的商品，樣數並不多，但是每一樣，都經過了嚴格的挑選和非常有節制的價格控制。求全不求多，這是一家超市的「精品完備性策略」。

據說，我們中國的品牌，小米的雷軍，就是從中受到了啟發，這才有了今天小米類似的「精品完備性策略」。

當然，要想實踐這種「精品完備性策略」，光是服務全還不行，還得在內部打通用戶體驗。梅奧建立了世界上第一個綜合病歷系統，也就是一個病人的情況，整個醫院的醫生共享。聽起來很普通，今天的每個醫院好像都這樣。梅奧從一九〇七年就開始這樣做了。那個時候沒有電腦，梅奧是怎麼做到的呢？他們用了一個匪夷所思的笨辦法。

他們用掛在空中鋼纜上的托架來傳遞病歷，在醫院裡還特意修了上下各十層的兩套電梯和滑槽，那麼大一套機械系統裝在醫院裡。那個時候，你要來到梅奧醫院，會看見整個醫院的病歷在鋼纜上、滑槽上飛來飛去，給醫生們共享。

這件事，也給了我們很大的啟發。所謂「精品完備性」不只是產品品項上要好，要完備，還要求它們內部連接上的完備性，這裡面可以努力的空間非常廣闊。

我們生活在一個人的價值得到復興的時代。
人既是一切努力的目的，
也是衡量努力成果的手段。

第5章

真正的競爭力

找到巨無霸的軟肋

巨無霸的軟肋在哪裡？既不是它的優勢，也不是它的劣勢，而是它的遷移成本。

假設你是一家新興的公司，要進入一個行業，但是這個行業裡有一家傳統的巨無霸。那麼請問，你會從什麼角度向它發起挑戰？通常的思路無非兩種：一種是找它最強的地方去競爭，就是硬碰硬和死拚到底；第二種是避實擊虛，找它最弱的地方去競爭。但是很可惜，這兩條路在邏輯上都不太容易走通。

想像一下，如果你挑一家大公司的長處去競爭，它的長處又不是天上掉下來的，那也是人家努力的結果，是在長期市場環境中演化出來的，它圍繞這個長處，一定已經累積了太多看得見、看不見的優勢。而且，一旦發現這個核心優勢被挑戰，對方也會立刻調集比你多得多的資源來圍剿你。所以，即使剛開始看起來你的做法是有點新意，那也沒用，螞蟻不管啃大象多少口，等大象覺得疼的時候，還是可以一腳踩死螞蟻。

就比如這幾年，多少公司想挑戰騰訊的即時通訊工具的地位，不管剛開始覺得自己的招法有多巧妙，最後都是功敗垂成。那你說，我挑戰大公司的弱點行不行呢？這好像也行不通。既然是弱點，其實也間接地說明了，在這個固有格局下，這個點好像就沒那麼重要。如果你真的通過努力證明了這個點其實很重要，那老戲碼還是會上演，大公司還是會調集資源，圍剿挑戰者。

在商業史上，如果市場格局本身沒有發生大的變動，沒有出現革命性的技術，大公司的地位總是難以被撼動的。不過，在人類商業史上，還真就有這麼個例外，市場格局沒有發生大的變化，老的巨無霸一直就那麼強悍，但是活生生就在它的旁邊長出來一個新的大傢伙。這就是二十世紀三、四〇年代，在可口可樂的旁邊長出來的百事可樂。

我們來看看當時的情況。可口可樂創辦於一八八六年，百事可樂誕生於一八九八年，前後差了十幾年。在美國的飲料市場上，直到二十世紀三〇年代，可口可樂都是無可爭議的一家獨大，幾乎沒有像樣的競爭對手。

這個市場的穩定性太強了。產品沒有什麼創新，市場格局不會發生突變，百事可樂的機會會出現在哪裡呢？

百事可樂撕開第一個口子是一九三九年的一次神操作。其實也很簡單，就是推出了一個大瓶裝的百事可樂。和競爭對手可口可樂相比，這個瓶子容量比可口可樂多一倍，但是價格和一瓶可口可樂一樣。

這個案例我原來也見過，當時注意力集中在價格問題上了，所以沒覺得這事有什麼了不起。但是最近又看了一些材料才恍然大悟，妙處不在價格上，而是在瓶子上。

當時如日中天的可口可樂，做了一件特別了不起的事，設計出了一種流線型的瓶子。這種瓶子的設計，一直用到了現在，就是我們今天可以在貨架上看見的那種。當年的飲料市場很亂，也沒有什麼品牌意識，智慧財產權的保護體系也沒那麼發達，可口可樂憑藉這個瓶子，一下子提高了可識別性。這個瓶子成了可口可樂的象徵，也成了它壟斷市場的一個超級品牌武器。

既然有了這個好用的東西，可口可樂就在市場上投放了上百億只玻璃瓶和海量的廣告。一九三九年，美國還沒有走出大蕭條，僅僅這一年，可口可樂的廣告投放就達到了一千五百萬美元，那個時候，這是一個不得了的數字。廣告就是展示這種瓶子，讓這個瓶子深入人心。

理解了這個背景，就明白百事可樂這個動作的妙處了。百事可樂做了一個比可口可樂體積大一倍的瓶子，裡面的飲料自然就多一倍，但是價格跟可口可樂一樣。在消費者看來，買百事可樂比買可口可樂划算。那麼可口可樂該怎麼應對呢？要是不理，百事可樂就憑藉價格優勢攻城略地。要是理，難道也做一個跟百事可樂一樣大的瓶子？

可是可口可樂投了大量的資本在瓶子上，全球的供應鏈、灌裝廠，還有大量的廣告費，敢換瓶子嗎？一換，好不容易建立起來的優勢就完了，此前的廣告費也白投了。

退一萬步說，就算可口可樂有決心，非要換，全球換一遍，瓶子的模具要換，從生產到運輸到零售，有無數的細節需要重新調整，廣告也得換，這得需要很長的時間。而這個時間，足夠百事可樂在市場裡撕開一個口子。

這就把可口可樂這個巨無霸逼到了一個進退兩難的處境。事實上這一年，百事可樂就憑這一招，拿到了20%的市場份額。

如果把這個動作僅僅看成是價格戰，那麼我們假設一下，假設當年百事可樂是用體積一樣的瓶子，但是價格減半，這會發生什麼？

首先，一瓶可樂的成本可不光是裡面的糖水。絕大多數成本是給整個供應鏈和分銷商的錢。價格一減半，意味著你的供應鏈水平就差，給分銷商的錢就少，你的利潤還薄。就算價格戰偷襲成功，拿下了一部分市場，也是殺敵八千，自損一萬。

還有，同樣的產品，你的價格比對手便宜一半，可能暫時確實能獲得一些市場份額，但是時間一長，你在消費者心中，那就是便宜貨，被壓在消費鄙視鏈的底部，這是對品牌極大的傷害。

更重要的是，如果這一招奏效，可口可樂作為一個巨無霸，應對起來就太方便了——大不了也跟著降價。一個巨無霸公司，調集資本的能力，扛住虧損的能力，是小企業沒法比的。等把百事可樂熬死了，再恢復原價就是了。而且，可口可樂做這樣的動作，不需要反應時間，總部一紙令下，馬上就可以正面擺開戰場。

一個市場裡，巨無霸的軟肋在哪裡？既不是它的優勢，也不是它的劣勢，而是它的遷移成本。換句話說，它在建成今天優勢的過程中，一定形成了一些很難改變、轉動不靈的東西。這些東西，符合以下這些特徵：

第一，改變的成本巨大；第二，一旦改變，原來的優勢就沒有了，所以損失還巨大；第三，改變的流程很慢，時間很長。

舉個例子，比如在現在的市場裡有很多品牌都在強調，我是有文化底蘊的，是有悠久傳統的，我是服務成功人士的。這些品牌本來是把這些當作優勢來宣傳。但是，你會發現這種品牌所在的產業，其實就有一個很顯然的崛起機會。

那就是，進入市場後只要強調自己是為年輕人服務的，是反抗的，是年輕有激情的，那些老牌的巨無霸就沒辦法了。它們既不肯放棄現在的優勢，也沒有辦法阻撓你的成長。中國現在的白酒市場就在發生這樣的事情。

看到一百年前百事可樂的這個案例，可以明白兩件事：第一，為什麼網路時代的巨無霸企業，優勢更難撼動？不僅是因為網路效應，還因為我們今天說的這個原理。因為在網路上，資源可以像水一樣自由流動，遷移成本越來越小。所以，在網路時代，正面挑戰巨無霸成功的案例就更少了。要等到產業格局變化，新進企業才有機會。

第二，不論是做企業還是做人，如果我們發現建立起來的優勢，是在一個不可遷移的基礎上，或者說是遷移成本很高的基礎上，那這個優勢，也許就沒有看起來那麼大。

客觀標準與主觀標準哪個更有效？

過去二百年，我們癡迷於用客觀標準來管理事務，取得了巨大的成就。但是未來，隨著環境越來越複雜，人的主觀判斷的價值其實也會越來越大。

這一篇聊聊關於「標準」的話題，用什麼樣的標準來管理更有效？是主觀標準還是客觀標準？

答案好像很明顯，當然是客觀標準更有效。過去的二百年，人類一直試圖在用客觀標準來替代主觀標準。客觀標準的好處有很多，精確、豐富、理性，大家做起事來方向統一，易於協調等。

當然，這背後還有一句潛台詞，就是人是不可靠的。用主觀標準來管理事務，我們就要對付很多人性的弱點。人的偏見、貪婪、脆弱等。不管在什麼領域，我們這代人相信，法治總比人治好，制度管理總比人性管理好，客觀標準總比主觀標準好。

是這樣嗎？

最近看了一本電子書《混亂》，裡面講到了英國前首相布萊爾改革英國醫療服務體系的例子。這個故事告訴我們用客觀標準管理複雜世界，有時候會適得其反。

一九九七年，英國首相東尼．布萊爾上台，他的執政目標其中之一就是改進英國的醫療服務體系。

那時候英國醫院有這樣一條規定，救護車在接到急救電話後，如果是市區範圍內並且病人情況十分危急，救護車得在八分鐘之內抵達現場。

這個八分鐘的規定時間是怎麼來的呢？這是醫學界的共識，對於醫療救援來說，黃金時間差不多八分鐘，再遲了，病人就會有危險。

布萊爾上台後，進一步強調了這項規定，一定，必須，就得在八分鐘內抵達，不能遲到。但是萬萬沒想到，這個嚴格的標準定下來，情況反而越來越糟了。

從表面上看，英國的醫療系統嚴格地執行了這個規定。不過有一點很奇怪，從紀錄上看，救護車都是在八分鐘之內趕到目的地。那八分鐘之後呢？統計表上沒有數據，一例都沒有。這也執行得太好了吧，居然一個遲到的救護車都沒有。

這是因為造假嗎？有可能。不過更糟糕的一種可能是這些救護車放棄了對病人的救護。

我們設想幾種可能。

比如，一輛救護車正在公路上疾馳，時間在一分一秒地流逝。司機很著急，三分鐘過去了，五分鐘過去了，眼看要到八分鐘的時限了，這意味著什麼？意味著這輛救護車要「違規」了，要受懲罰了。那他們會怎麼選擇？如果這個時候，再有一個新的病人，也在呼叫救護車，而且司機發現可以在八分鐘之內趕到，那這輛車一定就會轉頭去救治新病人。最開始打電話的那位病人很可能會被無情拋棄。

還有一種可能，確實超過了八分鐘，也確實趕到了。但是救護車也不願意違規，怎麼辦？只好跟病人商量，你這不算是重症病患行不行？

還有一種可能。救護車走到半路，發現交通實在壅堵，不可能在八分鐘之內趕到現場。那就兵分兩路，先派一個人騎摩托車甚至自行車，趕到現場再說。這樣確實是在八分鐘內趕到了，但重症病患如果需要送到醫院才能救治，總不能用摩托車或自行車載著去，這種趕到其實也耽誤了治療。

八分鐘的時限造成了太多意料之外的後果，從數據造假、病情分級造假，到自行車登場。政府的本意是提高急救服務的效率和品質，沒想到結果恰恰相反，造成了這麼多負面影響，引來一片罵聲。

那為什麼會是這樣？是英國醫生道德水平低？真不是，這是客觀標準自身的問題。任何人類目的，一定都內含非常複雜的維度，一旦要把這些目的變成客觀標準來衡量，必然丟失很多維度。所以，不是有壞人要鑽漏洞，而是只要用客觀標準來管理複雜目標，必然就會出現大量的漏洞可被鑽。

我們推導一個極端的情況你就明白了。超級人工智慧一旦實現，對人類其實是很可怕的。為什麼？不是因為超級人工智慧要蓄意毀滅人類，而是因為機器人智能用客觀標準衡量人類的主觀目標，機器的能力又那麼強，結果一定會是災難。

比如你有一台能力超強的家用機器人，你對機器說，我要快樂。這絕對沒問題，機器一計算，讓你最快樂的方法，就是把頭割下來，泡在特定的溶液中，從此你就沒有任何煩惱只剩下無邊的快樂。你說，不行，不能把頭割下來，你不能傷害我的身體。機器說，也行，那就把你關在家裡，給你放化學氣體，也能讓你快樂。你說，不行，不能限制我的行動。機器說，也行，那就給你做一個迷宮，你在裡面只能遇到快樂的事，讓你不高興的事一樣也沒有。你說，不行啊，那不是真實的世界。機器最後說，讓你覺得這是真實的世界不就行了嗎？你看，這對超級人工智慧有多難。

不管你設定多少條件，機器都可以把它換算成客觀標準，然後徹底執行，最後一定都通向你不願意看到的結果。

其實根本不用等到超級人工智慧實現的那一天，今天我們身邊就有大量這樣的例子。

很多主管說，你不要跟我講過程、講條件，我就要結果，這個月銷售數字必須達到多少。聽起來很霸氣對不對？但是，如果領導真的什麼都不看，只要結果的話，下面的團隊一定會讓他看到他不願意看到的結果。

因為每一個客觀標準，都有正直的、邪惡的、艱難的、簡便的多種實現方法，如果主管只在乎客觀標準，那就不用問，他一定會得到最糟糕的實現方法。

那接著問，客觀標準不管用，那怎麼辦呢？

還是回到剛才提到的醫院的例子。體療系統裡有一個JCI認證，就是用來認證一家醫院的服務品質的。它採取的方法就是，不再依靠客觀標準，把判斷的權力交回到人的手裡。

這個JCI認證有一份標準。標準總共二百七十頁。但是這二百七十頁裡面，沒有多少具體的數字。怎麼執行的呢？靠人來判斷。

每次考察一家醫院，都會派出一個考察小組前來打分。考察小組由醫生、護士、行政官組成，他們都是各自領域的專家，每個認證官負責一個部分，自己考察，進行評價。從看文件，到和上上下下各種人聊天，甚至和病人聊天。這家醫院的管理水平、服務品質怎麼樣確實盡收眼底。最後這個小組來打分，合格就是合格，不合格就是不合格。

其實，這種靠人的主觀標準來作判斷的評價體系，在這個世界上非常多。諾貝爾獎是這麼評的，米其林三星餐廳是這麼評的，體操跳水的世界冠軍也是這麼評的。

這種主觀標準的好處在它可以兼容複雜性。還是拿剛才說的JCI認證來說。比如，醫院裡不准抽菸，這是客觀標準。一般的醫院很容易做到，遇到病人抽菸，護士會上前勸阻。但是以JCI認證標準看來，這是不夠的。因為病人有可能會走到大樓外面，把菸頭亂扔以致引發火災。

那該怎麼辦？按照JCI的標準，醫護人員還要上前告訴他應該怎樣正確熄滅菸頭，並對病人進行健康教育。考察官得看到醫院是這麼做的，才覺得醫院在抽菸的問題上算合格。再比如，醫院裡要保持清潔，這是客觀標準，但是在ＪＣＩ認證看來，這是不夠的。如果為了保持衛生，護士也上陣清潔衛生，這就不符合各司其職的原則。衛生清潔應該由護工來做，而不是護士，大家得有專業分工。

這麼多複雜的現象和行為，不可能每一條都寫在客觀標準裡、印在書上，需要一個活生生的人來作綜合判斷。

過去二百年，我們癡迷於用客觀標準來管理事務，取得了巨大的成就。但是未來，隨著環境越來越複雜，人的主觀判斷的價值其實也會越來越大。

我們生活在一個人的價值得到復興的時代。套用那句話，人是什麼？人既是一切努力的目的，也是衡量努力成果的手段。

為什麼說橫向標準化更為良性？

橫向標準化既沒有什麼強制色彩，也不需要高昂的培訓和管理成本，還允許各個社會節點的自由創新，但是同樣達到了效率高、成本低的標準化效果。

自從進入工業社會，「標準化」就是個好東西。它能降低成本、提高效率、方便協作。比如，麥當勞餐廳之所以在全世界能做那麼大，不是因為它有多好吃，而是因為標準化。顧客心裡很清楚，推開全世界任何一家麥當勞的門，裡面的漢堡包、炸雞塊、炸薯條，吃起來的味道都差不多。消費者選它，就是因為放心，因為保險。

那怎麼能做到標準化呢？一百多年來的工業社會有了基本的經驗。從最早提出標準化生產的泰勒制，到麥當勞的員工手冊，都是想通過自上而下制定一套政策，加強管理、嚴格管控，也就是把人的行為規範到每一個動作，最後的產品和服務的標準化結果也自然就有了。

這裡有幾條內容，摘自麥當勞員工的操作手冊：可口可樂的溫度必須保持在四度C；使用的牛肉餅，成分比例必須是83%的牛肩肉和17%的五花肉，其中的脂肪含量不能超過19%；最後做出來的牛肉餅，必須是直徑九十五．八公厘，厚度五．六五公厘，重量要精確到四十七．三二公克。

你是不是感覺到了標準化的另一個面目：死板，沒有選擇，沒有自由？還不僅是這些企業的員工在嚴格管控下沒有自由，消費者也沒有。所以，單調和限制，就成了我們批評標準化的一些理由。

但是，我最近看到了一本書，叫《幸運籤餅紀事》，我有了一些啟發。原來，要想達成標準化，還有另外一種實現路徑。這本書寫的是美國的中餐廳。要知道，美國的中餐廳賣的不是我們中國人日常吃的中餐，而是按照美國人口味進行了改良的，比如左宗棠雞、西蘭花牛肉等。主要是改良了酸甜口味，如果讓中國人吃，很可能會吃不慣。

這些中餐廳，雖然不正宗，但它們在全美國加起來有四萬多家。我們熟悉的快餐三巨頭麥當勞、漢堡王和肯德基，加起來都沒有那麼多。從這個角度看，比起漢堡，美國人其實更熟悉中餐。

那這四萬多家中餐廳中，有像麥當勞一樣的連鎖企業嗎？一個叫做「熊貓快餐」的品牌就很出名。它在全美有二千多家連鎖店，也算大企業了。但是和四萬家這個總數一比，也不是主流，剩下的中餐廳基本上都是夫妻店，互相之間都沒什麼連鎖關係，是分散的。

整個美國的中餐廳，無論是在西北部的西雅圖還是東南角的佛羅里達，它們的室內裝潢設計、提供的菜品，甚至是服務的流程幾乎一模一樣。我在美國吃了各式各樣的中餐，真有這樣的感覺，很統一。美國的貨車司機在跑長途時，最喜歡吃的東西就是中餐。主要原因，其實和大家愛吃麥當勞差不多，就是中餐廳提供的飯菜，比較保險、比較放心、比較一致，無論是哪個城市，吃到的菜口味差不多。

這聽起來和麥當勞一樣，但是麥當勞這樣的連鎖企業要做到這樣的境界，每年要花費無數的金錢在迭代標準、嚴格管理生產流程上，最終才能實現標準化。而美國的中餐廳，不僅沒有一個總部來制定標準，甚至彼此之間也沒什麼聯繫。那它們怎麼也能實現標準化呢？

如果把麥當勞那種標準化稱為「縱向標準化」，也就是靠自上而下的高強度管理實現的標準化，那中餐館的標準化，我們也許就可以稱為「橫向標準化」。因為它是靠社會網路橫向推動來實現的。

美國的中餐廳，雖然看起來非常鬆散，但是有一樣東西不鬆散，就是它們的背後有著一張相同的供應商網路：它們為顧客提供的袋裝醬油全部來自新澤西州的一家工廠；三分之二的中餐快餐盒是由一家叫做福百客的商家生產的；美國中餐廳每年要消耗幾億張一次性菜單，東部的由紐約的幾家印刷廠承包，西部的歸洛杉磯的幾家印刷廠承包。

各種細節背後都是統一的供應商。供應商一致、社會網路一致，美國中餐廳最後呈現出來的樣子，就差不多。

再說個故事，就知道這種通過社會網路建立起來的標準化有多強大了。

二〇〇五年，美國一家彩票公司開獎，中二等獎的人數多達一百一十人，這很出人意料，因為超過預計人數四十倍。這些中獎的人一共拿走了二千萬美元，彩票公司在那天差點破產。當然有專人去調查，看看是不是有人暗中操縱。

結果發現中獎者分散在全國各地，彼此都不認識，找不到任何聯繫；他們購買的彩票，也都來自不同的售票點，不可能互相串通；而且所有的號碼都是自選的，也就是不存在機器故障的情況。這背後一定有某種神秘的力量在操縱。

最後真相水落石出，原因居然是一種餅乾——「幸運簽餅」。美國中餐廳有個風俗，在顧客消費後，會贈送一種叫做幸運簽餅的餅乾。這種餅乾中夾著一張小字條，上面有一句吉祥話，還有一串幸運數字。

那一天所有買這家公司彩票中獎的人，都是把餅乾裡夾著的小字條上面的那串數字選作了彩票號碼。這串數字正好中了二等獎。而這些餅乾都是由布魯克林的一家公司生產的。所以，社會網路帶來的餐飲業食品的橫向標準化，居然能造成這樣的社會影響。

再舉幾個中國人熟悉的例子就更容易明白了。這幾年在中國，經常會突然之間，一種美食一下子在全國流行起來，成為網紅，比如小龍蝦、髒髒包、奶茶等。而且還不是一家店占領了全國市場，而是一堆叫著不同名字、打著各種旗號的小店。它們做出來的東西，吃起來差別也不大。難道是這些店的店主串通好的，或者是中國消費者的口味突然有這麼個潮流而統一起來了嗎？

當然不是。這些網紅食品的崛起，其實也是因為供應商網路。據說全國六成小龍蝦來自湖北監利縣，前幾年流行的黃燜雞米飯，調味料大多來自濟南；酸菜魚中用來做魚片的巴沙魚，進口地都是越南。

有一位餐飲業的朋友告訴我，為什麼黃燜雞米飯能夠到處都是，原因有兩點：首先，雞肉作為一種食材，沒有什麼特殊的味道，做成菜沒有什麼存在感，調料什麼味道它就什麼味道，方便各家餐館做創新，所以雞肉很受歡迎。更重要的是第二點，就是雞肉的供應鏈超級穩定，可以擴張到很大的規模，而且價格波動很小。聽說過豬肉價格不穩定，國家還要補貼養豬戶，什麼時候聽說過國家補貼養雞場？就算遇到什麼天災雞全死光了，養雞，幾週就可以再出欄。

所以看到滿大街的黃燜雞米飯，這不是用戶的選擇，也不是商家的選擇，這是供應鏈成熟帶來的橫向標準化效應。

對比一下就會發現，今天我們講了兩種標準化：縱向標準化和橫向標準化。和我們以前熟悉的工業時代的標誌，麥當勞那種縱向標準化相比，我們今天講的橫向標準化要良性得多。

它既沒有什麼強制色彩，也不需要高昂的培訓和管理成本，還允許各個社會節點的自由創新，但是同樣達到了效率高、成本低的標準化效果。

如果我們再放寬一下視野，你會發現，之所以以前有縱向標準化，其實是因為當時橫向標準化的社會條件不成熟。也就是說，當供應商網路還不發達的時候，企業沒辦法，被迫在內部自上而下地建立起一套內部標準，強制性地達到一致性。而我們今天生活在一個社會網路更加成熟的時代，縱向的強制，變成了橫向的協作。標準化帶來的副作用，在今天也終於有了解藥。

上大學不僅是自己學本事，把自己變強，
上大學還是選擇未來的資源網路。
去大城市、上綜合性大學、學基礎性學科，
就是讓你未來成長的網路資源更豐富，
你切換起網路來也更容易。

第 6 章

你相信趨勢嗎？

夕陽產業是偽命題嗎？

網路社會裡的管理，改變自己不如重新安排周邊資源的網路結構。所以，管理的任務就變成了「破局而出」。

最近我接連兩次聽到有人說一個詞——夕陽產業。前兩天，有個考生家長跟我說：「我孩子正在填報高考志願，不能讓孩子學什麼機械製造、土木工程了，因為這些行業現在是夕陽產業。」就在同一天，一位做家用電器的企業家也在跟我感慨，他做的是夕陽產業，眼看著好像沒有什麼前途了。

於是我就琢磨了一下「夕陽產業」這個詞。好像不太對，如果是服務業，那確實有可能。可是製造業，真的有所謂夕陽產業嗎？我們先不說現在還用得著的東西，就是那些現在已經用不著的東西，它們都沒消失，還有人在製造。凱文．凱利講過，技術是不死的，現在養馬的人比中世紀還多，造中世紀武士盔甲的人比中世紀還多（當然大多數人都是出於興趣在製造）。所以凱文．凱利有個結論：這個世界上只要是存在過的，現在出於各種原因大都還在。

有一種經濟模式叫做「蠟燭經濟」，指的是在電燈普及後，很多人就很自然地以為蠟燭肯定會消失，畢竟它光線暗、氣味難聞，還容易造成火災，各式各樣的毛病一大堆。但是蠟燭並沒有消失，到今天蠟燭產業依舊是一個很大的產業，各種各樣的蠟燭仍然在賣，而且應用場景越來越多，它不再是單純的照明工具，而成了調節氣氛的用品。

類似這樣的例子有很多，比如在電子錶、手機出現後，很多人認為手錶業要完蛋了。但是高端手錶的銷量卻越來越大，成了身分的象徵。再比如鋼筆，鋼筆似乎已經被更方便書寫的圓珠筆、簽字筆打得潰不成軍。而到了今天，恰恰相反，高檔鋼筆的銷量越來越好。

那現在用得著的東西呢？很多人說家電業利潤低，是所謂「夕陽產業」。中國人難道不看電視、不買空調、不用冰箱嗎？而且我們很清楚地看到，這些產品都在升級換代，電視畫質越來越好，冰箱功能越來越豐富。除了這些大件的，小到手機、電飯煲、插座都在升級換代，比如小米就推出了好幾款這樣的產品。

奇怪，東西還在用，人們還在買，而且還越買越多，市場還在擴大，生產這些東西的產業，怎麼會是夕陽產業呢？尤其是前兩年，網路產業非常火，很多傳統製造業的人，都在琢磨轉型。但是現在看來，「轉型」這個詞用得不太貼切。此地甚好，前途光明，不用轉到別的地方。

問題究竟出在哪兒呢？是傳統製造業周邊資源的網路結構出了問題。

我們先來看業界八卦。話說二〇一三年底，海爾要做筆記型電腦，去找京東。京東問，想做什麼品牌？海爾想做海爾牌。京東認為不用談了，肯定賣不掉。

作為有六百多億品牌價值的企業，海爾就想不通。京東認為，海爾這個品牌在年輕人心中，已經老化了，它跟「白色家電」（冰箱、洗衣機等）形成強關聯，對你做電腦這件事，不但不能加分，還要減分。所以後來，海爾做了另外一個品牌的筆記本，叫雷神，就是以高顏值著稱的遊戲型筆電，叫好也叫座。

什麼是管理學？管理學是一種破局的智慧。

什麼是「局」呢？「局」就是你身邊各種資源之間相互聯繫和相互作用的狀態，它是一個網路。傳統的管理學大多是著眼改變企業內部，提升效率。但是網路社會裡的管理並不如此，因為改變自己不如重新安排周邊資源的網路結構。所以，管理的任務就變成了「破局而出」。

海爾的例子就很典型。海爾做筆記型電腦，這個產品和產業本身並沒有什麼問題。原來這個產品，是和海爾品牌關聯在一起的，形成產業資源的網路。但是這個網路結構出了問題，原來能夠支持產品的海爾品牌這個「正資源」，在筆記型電腦產業裡，變成了阻礙它發展的「負資源」，怎麼辦？只要把產品從原來的資源網路中剝離出來，重新找到新的周邊資源網路，轉型自然就完成了。

其實，這兩年很多製造業「破局而出」的例子，都是這種情況。

河北有一家做魚缸的公司，魚缸是個很小的行業，顧客買了一個以後，可能很長時間不會買第二個，除非搬家。但這個魚缸公司的老總說，我是中國第三大魚缸生產廠家，但是我每年的利潤是幾家的總和。

他是怎麼做到的呢？他做了一個微信公眾號，如果買了魚缸，就會定期推播一些養魚的知識給你，比如最近進了一批澳洲的熱帶魚，問你要不要？美國的魚飼料，問你要不要？再過一段時間，你們家魚缸兩年了，需不需要幫你清洗？他是靠這些新的周邊服務賺錢。

這些企業做得很好，它們是在轉型嗎？不，它們還是在幹自己以前最擅長的事情，還是在生產那些產品，唯一發生變化的是周邊的資源網路。它們的轉型不是自己搬家，而是把鄰居換了一遍。

這背後其實是一種思維模式的轉變。在傳統社會，你周邊的資源網路是相對固定的。所以，如果你感覺自己狀況有問題，那就是你自己的問題。

但是現在的網路社會，除了改變自己，還有一種提升生存能力的方法，就是切換鄰居，轉換協作網路。比如，當年我考大學的時候，填報志願，老師千叮嚀萬囑咐，千萬不要貪圖什麼好學校，考一個好專業更重要。

寧可上差學校的外貿專業，也不要考什麼北京大學的歷史系。這個思路在當時不能說是錯的。因為在傳統社會，大家普遍認為，自己的本事最重要，學本事當然就要學一個有用的本事。

但高考填報志願，優先選大城市，第二再考慮選綜合性大學，最後才考慮專業因素。這背後的思路就是網路思路。

上大學不僅是自己學本事，把自己變強，上大學還是選擇未來的資源網路。去大城市、上綜合性大學、學基礎性學科，就是讓你未來成長的網路資源更豐富，你切換起網路來也更容易。

消費升級背後的機會

只要這個國家的經濟體量足夠大，消費升級一旦發生，就會在某些消費領域出現高度集中的趨勢，誕生足夠強勢的品牌，強勢到有機會變成全球品牌。最終的結果是，不僅輸出產品和服務，還能完成生活方式和文化的輸出。

最近我看到了一篇文章，它在討論消費升級這個現象。過去我們說起消費升級，總是在想品質提升、價格提升、品牌提升、體驗提升等。很多人簡單地把消費升級理解成把更貴、更好的消費品賣給更有錢的消費者。

但這只是消費升級的一個方面。這枚硬幣還有另一面，就是物流、供應鏈、產業鏈的升級。這背後的本質，是技術的提升。舉兩個例子，第一個例子是牛奶。我們小時候，家裡能喝上牛奶還是非常奢侈的事情，而且只有住在養牛場周邊的人才能喝到。

所以那個時候，各個城市都有自己的牛奶廠。那時候的牛奶也很貴，品質也不差，所以後來牛奶的消費升級，並不是在這些問題上做文章。

二十世紀六、七〇年代，低溫殺菌技術進步，出現了方便運輸和儲存的利樂包裝，使得牛奶可以運輸到成百上千公里之外的地方。這種技術的出現，才讓牛奶業有可能出現大品牌大企業。中國引進這種包裝比較遲，要到九〇年代中後期了。中國有兩家企業率先引進了利樂包裝，很快就從地方品牌成長為全國乳業龍頭，這兩個品牌就是伊利和蒙牛。所以消費升級背後是技術進步。

第二個例子，就發生在這幾年。過去，我們要想吃滷製品和熟食，只能買當地小商家的，為什麼？因為這種東西，要想不含防腐劑，不冷凍運輸，又能保鮮，口感還好，很難。所以只能就近尋找，邊做邊買邊吃。

但是前些年有個商家，就敏銳地捕捉到了這種需求的變化，想辦法改進了後台供應鏈。他們花了一年多的時間研究了充氮氣的保鮮包裝，讓產品在不添加防腐劑、不用冷凍的情況下，七天內可以保持比較好的口感，不會顯著丟失水分。

這個品牌就是後來到處都是的周黑鴨。這兩件事情的共同點在於，技術的進步優化了商品從生產、流通到銷售的全過程，讓原來看起來不切實際的用戶需求得到了滿足。掌握技術的品牌，也順勢成為大品牌。

其實在很多產業現象背後，真正的推動力都是這些技術因素。比如說這兩年走紅的號稱是宵夜網紅的小龍蝦，它的產業規模居然達到一年將近一千五百億元。除了消費者口味上的偏好之外，核心問題，仍然是供應鏈的變化。

現在很多小龍蝦企業，自己有養殖基地，有加工廠，有快速冷凍鎖鮮的技術，然後通過冷鏈供應到餐廳。餐廳拿到手之後，簡單加熱一下就可以上桌了，餐廳當然願意賣這種品質穩定性高的產品了。

消費市場的升級，並不見得是消費者需求帶來的，有可能只是供應鏈升級的結果。

再舉個大家常見的例子，前些年突然冒出來的台灣烤香腸，滿大街都有。為什麼？還是我們剛才講的供應鏈的原因。香腸這種東西，用玻璃烤箱邊轉邊烤邊賣，樣子好看，香味四溢，看著乾淨。但最重要的是方便運輸、保存、加工和計費，所以它才會到處都是。

再比如說ＩＫＥＡ家居，現在很多家居品牌都說要做線上的ＩＫＥＡ。確實，ＩＫＥＡ很大很成功，但是很多人都誤解了ＩＫＥＡ成功的真正原因。ＩＫＥＡ當年的崛起，並不是因為它的產品設計好、體驗好。和當時的競爭對手相比，它的這個特點並不突出。ＩＫＥＡ的一個重要創新是，它的家具在運輸的時候能夠壓扁，拿回家之後可以自行拼裝。這就極大降低了運輸成本，大大提高了配件供應效率和庫存周轉效率，也帶來了足夠大的毛利空間。

各個行業裡的好品牌，基本上都是在供應鏈中找到了一些可以提升的空間，才能夠形成一些所謂的用戶體驗端的優勢。它們如果只管什麼包裝、營銷、噱頭，沒有順應技術潮流解決產業鏈問題的話，多半不可能在消費升級中勝出。

如果認同這一點，那就能明白現在市場正在醞釀著一個重要的變化。過去十幾年，由網路公司占據舞台中央的局面，可能要發生變化了。

網路，說到底是改變了訊息傳播的方式，大大降低了企業營銷的成本。但是從整個產業鏈來看，營銷只是最末端的一個環節。當網路成為全社會都很熟悉的工具的時候，網路企業的競爭力就沒有那麼突出了。有一句話很紅，叫網路的下半場。現在看來，所謂下半場的主要邏輯，就是各行各業都要回歸行業本身的價值。

換句話說，原來有行業基因的企業，開始大有機會了。比如，劉強東在創辦京東前，有在中關村線下賣3C產品的經驗，這可能是京東最久遠也最有競爭力的基因；章燎原在做「三隻松鼠」前，有九年線下零售經驗；陶石泉在做「江小白」酒之前，做過九年金六福總裁助理，管過市場和銷售，這才可以利用傳統渠道來管理，利用網路的特徵來做新的品牌營銷。

現在看來，在消費升級領域能夠做出成績的創業者，往往是因為他具備下面四個特徵：

第一，在行業裡深耕多年，瞭解產業本質，並累積了一定資源，能力被證實過。

第二，能夠在消費升級的轉折點上，發現並認可一些新的趨勢，瞭解年輕用戶。

第三，利用過往的經驗和資源，結合網路方法，全心全意做新的事情，成為下一階段的引領者。

第四，零售品牌想要做成，本質上還是要為用戶提供最好的產品，這是根本的出發點。

看星巴克或7-Eleven的發展史，你會發現，這些偉大品牌在早期階段就已經樹立了非常正確的用戶觀。它們沒有網路公司崛起的速度，它們都是在有好產品的基礎上，堅持發展十年、二十年，才最終把握住了機會。

這一輪消費升級帶來的機會可能還不僅僅是多了幾家成功的創業公司那麼簡單，它可能是中國產業在全球崛起的機會。

我們可以簡單地回顧一下歷史。第一次世界大戰前，英國誕生了立頓紅茶和蘇格蘭威士忌；在二十世紀五〇到七〇年代的美國，Disney、可口可樂、Walmart、麥當勞、肯德基和星巴克等品牌相繼誕生或迎來快速發展；二十世紀七〇年代中期到九〇年代中期，在日本，無印良品、Panasonic、SONY等品牌出現或開始迅速擴張。

這裡面有什麼規律？只要這個國家的經濟體量足夠大，消費升級一旦發生，就會在某些消費領域出現高度集中的趨勢，誕生足夠強勢的品牌，強勢到有機會變成全球品牌。最終的結果是，不僅輸出產品和服務，還能完成生活方式和文化的輸出。

中國市場規模巨大，中國現在人均GDP已經超過八千美元。中國人在茶葉、食品上又有那麼多有特色的消費品，那麼屬中國的類似機會是不是也要來了呢？

消費升級是這幾年中國商業的關鍵字，在它的前方，一定會發生一些始料未及的奇妙事情。

免費模式的真相

免費模式在讓很多消費者享受到不要錢的服務之後，也讓行業的總收入規模大幅減少。頭部企業獨享免費紅利，把也想走這條路的初創企業的未來給堵死了。

網路時代有一個獨特的商業現象——免費。前些年還有一本很火的書，就叫《免費》，為這種商業模式提供了很多論證。用免費或者補貼的方式創業，也是前些年的主流。

其實，這是個必然。只要出現了大規模迅速讀寫的設備，不管是早期的磁碟機，還是後來的光碟，還是再後來的網路，免費這種現象的出現就不可避免了。

Yahoo!的楊致遠和費羅首創了免費的網路服務，並且找到了廣告這種商業模式，這才讓網路成為一個開放、免費的工具，成為一台巨大無比的複印機。

這批企業的成功，帶動了一個巨大的免費浪潮。

先進企業取得成功的模式，難道不就是後來者效仿的對象嗎？你收費，我就免費。你免費，我就補貼。於是出現了這麼個現象，羊毛出在豬身上，然後把狗給擠死了。

對用戶免費，對廣告商收費，然後把原來這個行業裡的企業擠垮。一個個網路領域，訊息服務、安全服務、社交、通訊，全部被攻陷。第一批這麼幹的企業，普遍是比較成功的。

那這種模式究竟好不好呢？你說它不好，它幾乎是網路創業的標準模式，從最早的Yahoo!，到後來的Google、Facebook、騰訊、百度，都是靠這種模式起家的。

可是這些年靠免費模式成功創業的企業，屈指可數。大部分公司採用同樣的商業模式，甚至技術水平也不算差，卻很快死掉了。同時還出現了一個怪現象，就是創業這件事，變成了一個風險很高的事。

現在，這好像是達成共識了。但是你跳出來想想，這不是很荒唐嗎？過去二百年，人類經濟一直處於急速膨脹的過程中，財富規模不斷擴大，那做生意的空間應該越來越大才對啊。

我們從日常生活中也可以得出這個經驗。你只要本本分分做生意，貨真價實童叟無欺，哪怕就是擺個早點攤子，能賺錢養家也是可能的事。創業怎麼會變成一件風險很高、九死一生的事呢？

跟大家分享觀察這個現象的一個全新視角。

過去我們都以為，成功企業採取的經營方法和競爭手段，天然就是初創企業學習的對象。但是這一次不同。網路企業採取免費的策略，它針對的對象有兩個。第一個是顯而易見的，就是原來採取收費方式經營的那些傳統企業，通過免費的方式把它們擠垮。但其實，它們還有第二個針對的對象，那就是防止後來的企業抄它們的後路，說白了，就是防止新創企業以同樣的方式崛起。

攔住新創企業崛起的，有兩個機制：第一，都免費了，新創企業還能怎麼賺錢養活自己、發展業務呢？靠廣告？廣告自然是需要規模的啊，那當然就是龍頭企業的優勢。小公司無法聚集起規模的流量。所以，免費這種模式，天然是龍頭企業的護城河，攔住的就是小公司。

說白了，免費模式在讓很多消費者享受到不要錢的服務之後，也讓行業的總收入規模大幅減少。龍頭企業獨享免費紅利，把也想走這條路的新創企業的未來給堵死了。

大企業攔住新創企業崛起的還有一個機制，就是讓新創企業提供的服務變得沒有用。創業圈子裡，你經常會遇到一些人，拿著商業計畫書說，我的這個產品設計比微信好、比淘寶好，所以，我能擊敗騰訊和阿里巴巴。這就是看問題視野狹窄了，不是說他們的產品設計有問題，而是產品設計得好也沒有用。

因為免費模式的產品，不是你用的那個App，它真正的產品就是用戶和用戶的數據。它通過免費，把用戶吸引來，然後把用戶的注意力賣給廣告商，或者是把用戶在上面的數據做開發，再賣給別人。

有一句話說得好，「如果你買了產品但是不需要付錢，那麼，你就是產品本身。」用戶不一定是因為產品好而留在它那裡的，而是因為用戶的數據、社交關係和使用習慣留在了那裡，再想遷移，成本太高了。

舉個例子，前些年用功能手機的時候，換個手機很方便，把SIM卡拆下來裝上就行了。而現在智慧型手機時代，換手機，是要把上面的軟體重裝一遍，而且必然要承擔數據丟失的損失，遷移成本太高了。

很多人想，既然價格是零都沒法做生意，我倒貼錢是否可以。答案是否定的。比如，從二〇〇四年到二〇一〇年，微軟花了大力氣試圖在搜索上和Google競爭，當時它的現金儲備比Google多好幾倍，因此它採用倒貼錢的方式鼓勵大家使用它的搜索服務，大約每搜索一次可以獲得五美分（三毛錢人民幣）的變相獎勵（變成積分買東西）。但是那樣除了每年燒掉十幾億美元的市場推廣費之外，對市場占有率的提升沒有幫助。不僅初創企業這麼做不會成功，就是像微軟這樣的巨無霸也搞不成。

上面說的這兩條原因，就是很多網路公司堅持不了一、兩年就死掉的根本原因。

前兩年，我們開始做知識服務的時候，其實也是察覺到了，走免費模式這條路行不通。但是，我們是出於一個簡單的直覺：做市場有需求的東西，總是能賣掉的。如果免費是唯一的道路，那為什麼Apple公司的產品不僅不免費，而且賣得還很貴呢？如果免費是趨勢，為什麼恰恰是Apple公司，而不是Google和Facebook是世界上的第一大公司呢？

這件事給我們的提醒是，世界的變化往往是出乎人意料的。過去，我們覺得小公司學習大公司是天經地義的。但是誰曾想，現在大公司的打法，恰恰是針對小公司的。

這是市場競爭格局的一個巨大變量。但是，這幾年大量創業企業根本就沒有意識到這件事情的發生。

新工具誕生，剛開始都是解決老問題，
如果你滿足於用新工具解決老問題，
你就會錯過創新的新機會。

「新零售」是大糊弄嗎？

大數據、人工智慧、移動網路的新工具擺在那裡，新的零售模式一定會出現。

凡是新工具誕生，剛開始都是用於解決老問題，但是隨著新工具應用的展開，它一定會帶來前所未有的創新。這是給所有手握新工具的人一個提醒：如果你滿足於用新工具解決老問題，你就會錯過創新的新機會，辜負這個新工具。

美國零售簡史，其實也側面印證了這個道理。

現代化之前的零售業是什麼樣？基本都是專業小店，買布要去布店，買豆腐要去豆腐店。現在我們司空見慣的那種日雜百貨小店，在現代化之前，都是不可能有的。因為這背後必須有一個強大的供應鏈系統來支撐，涉及廣泛的社會配套系統。人類的技術達到這個水平，也不過是近一百多年的事。

我們來看看美國零售業在這一百多年的發展。

美國零售業的第一次大迭代發生在一八八四年，出現了郵購——就是你給商家寫信，然後商家給你發貨這種模式。掀起這次變革的人叫西爾斯，他創辦的西爾斯百貨，到今天仍然是美國第三大零售巨頭。

當時美國還沒有完成城市化，三分之二的人還住在農村。可是，農民世世代代都習慣買東西一手交錢一手交貨，他們不相信這個遠在天邊的商家怎麼辦？西爾斯就實行了兩項制度：一個是「保證滿意，否則原款退還」的自由退換貨制度，另一個就是允許貨到付款。我們現在熟悉的網購方式，其實一百多年以前就誕生了。到了一九二〇年前後，西爾斯的年營業額已經有二．五億美元左右，成為當時美國零售業的第一名。

這個西爾斯居然創立了一個前所未有的商業模式，但其實這不全是西爾斯的功勞，背後有一個新工具——鐵路。

從十九世紀三〇年代開始，美國人在全國修建了三十六萬公里的鐵路，從大西洋到太平洋被徹底打通。但是剛開始的時候，大家以為鐵路只是提高了旅行和運貨的效率，沒想到還會誕生新的商業模式。從一八六九年太平洋鐵路通車，到一八八四年西爾斯發出第一個郵購包裹，這中間有十五年時間。這期間，鐵路公司還是在做著原來馬車的工作，只不過效率更高、速度更快而已。而這中間商業創新的機會，卻讓西爾斯拿走了。

這是不是印證了用新工具解決老問題，恰恰是對新工具最大的辜負？

下一個零售業態的突破，是連鎖店。這種店就接近我們現在熟悉的日用雜貨店了，什麼茶葉、奶油、麵包、咖啡，甚至海鮮也放在一起賣，而且是全國連鎖，顧客不用東奔西跑就能把東西買齊了。

這種業態背後的關鍵力量，其實也是一種新技術，就是汽車和公路運輸技術的發展。從一九二〇年到一九三五年，美國新鋪設的公路里程漲了三倍。公路運輸運能大、速度快，成本也低，可以讓公司擁有自己的車隊，往返於各個倉庫。這就擺脫了中間商對貨源的控制，公司直接和製造商對接，提高了供應鏈效率，降低了成本。

在連鎖店之後出現的新零售業態，就是我們現在熟知的超市。這背後的關鍵技術發明主要有三個——汽車、冰箱和電視。一九三〇年，美國登記的汽車數量有二千三百萬輛，中產階級家庭基本都用上了汽車。這個時候，在城市裡的居民，就可以開車去郊區買東西，於是超市就在郊區誕生了。因為郊區的租金便宜，超市的規模就可以比原來的連鎖店大上十倍。銷售的商品一多，超市對供應商的控制力也就更強，商品的價格就可以更便宜。

世界上第一台人工製冷的家用冰箱，是德國人發明的，但是最先普及還是在美國。到了二十世紀三〇～四〇年代，冰箱在美國的年銷量增長到二千萬台。有了冰箱，家裡的食物就可以保存更長時間，大家購物的時候就能一次性買更多的東西，超市的優勢就發揮出來了。現在大家在超市裡常用的手推車，就是在那時候發明的，為的是方便消費者大量採購。

第三個「黑科技」就是電視。在這個時期，電視開始走進家庭，並且在一九四一年出現了歷史上第一個電視廣告。有了電視這種媒介，就可以創造出大量像可口可樂這樣的全國性品牌。

美國幅員遼闊，消費者背景複雜，蘿蔔青菜各有所愛，商品需求種類就會變得非常多，很難統一管理。但是有了電視之後，每種商品全國人就都認得那幾個大品牌，商品品類一下減少了很多，超市的經營和擴張就變得更容易。超市之後的零售業態，是大型購物中心。

這背後有沒有什麼新技術、新工具的支持呢？有，最典型的就是信用卡。第一張現代意義上的信用卡——美國運通卡，是一九五八年發行的。有了信用卡，購物中心就更加瞭解消費者。因為信用卡裡面儲存著顧客的各種交易數據，購物中心就可以利用這種訊息，開展各種促銷活動，進一步促進大家的消費。是不是有點「大數據」的意思？

零售業態進一步演化，就出現了大型折扣超市，也就是今天零售業的巨無霸Walmart。Walmart強大到什麼程度？直到今天，Walmart的年銷售總收入依然是全世界最高的。

Walmart的強大和超乎想像的低價格，背後其實也是新技術——訊息技術。Walmart的創始人山姆．沃爾頓是個非常節儉的人，不買豪宅，不開新車。但是一九八三年的時候，Walmart居然花了幾億美元建起了一套電腦和衛星系統。有了這套系統，Walmart上千家店之間可以快速溝通，瞭解每天任何商店裡任何商品的銷售情況。

要知道，那可是二十世紀八〇年代，網路還沒有普及，這套系統是非常先進的。Walmart的低價優勢，就是靠這種新技術確立的。剛才我們回顧了美國的零售簡史，你會發現兩個規律。第一，消費者的需求是不變的，永遠是用更低的價格買到更豐富的商品。第二，新技術永遠在迭代。誰能夠把新技術、新工具的潛力發掘出來，誰就能拿到時代的紅利。所謂的商業模式，不是什麼巧妙構思的結果，而是對新工具的敏銳洞察。

這兩年，中國很多人在談「新零售」。有人嘲笑那些天天談「新零售」的人誰也沒說清楚「新零售」是什麼，可見他們在糊弄。其實此言差矣。大數據、人工智慧、行動網路的新工具就已經擺在那裡，新的零售模式一定會出現。

新技術會帶來新失業嗎？

新技術不是洪水猛獸。新技術會帶來一系列我們始料未及的政治和社會規則的變化。

我和朋友閒聊的時候經常會提到一個話題，新一輪技術的進步會不會帶來大規模的失業，尤其是在人工智慧這個技術背景下。這讓很多人擔心，這一輪技術進步不僅讓大量的普通工人失業，而且將讓大量中產階級失業。中產階級就是通過教育投資，讓自己好不容易掌握一項技能，當上了律師、醫生、公務員，現在人工智慧來襲，你會做的它全會，這一輪中產階級很可能面臨失業。

這個問題，如果和學過經濟學的人聊，他是會給你一個標準答案，那就是絕對不會。

為什麼？因為歷史上，所有科技發展，剛開始都會讓受到直接衝擊的人感到如臨大敵，但最後的結果又總是皆大歡喜。新技術總是會帶來財富總量的飆升和大量新工作機會，所以不必擔心。

如果你非要擔心新技術衝擊就業，選擇激烈反對新技術，經濟學家還有一個專有名詞稱呼這樣的人，叫「勒德分子」。據說，十九世紀工業革命期間，有一個名叫勒德的英國人，帶領工人打砸機器，這種人成了經濟學家的嘲笑對象。最典型的經濟學論述源於十九世紀的法國人巴斯夏，他說你們認為新技術摧毀就業，那技術倒退是不是能增加財富？比如我們法國現在的斧頭都太好用了，乾脆將所有的大斧頭都換成小斧頭，這樣伐木工人原來一天可以砍斷的樹，就得用三天才能砍斷，這樣不就製造了更多的就業，能養活更多的伐木工人了嗎？

巴斯夏的這種反諷確實很提神醒腦。如果技術進步造成了貧窮，毀滅了工作機會，那麼我們為什麼不嘗試技術退步？這在邏輯上講不通，技術進步會讓人類分工越來越細，生產效率越來越高，那當然就會需要更多的勞動力。工業發達國家，往往都面臨著勞動力資源緊缺的問題，反倒是那些技術落後的國家，經常被失業問題困擾。

既然工業革命時期的技術是這樣，歷史上所有的技術都這樣，包括後來的電腦革命和網路革命，那憑什麼說馬上要來的人工智慧革命就例外呢？我們如果總是擔心未來的失業問題，是不是在認知水平上和十九世紀的勒德分子也就沒有什麼區別？

從經濟學的角度看，這個答案看來是沒問題的。但是，如果換到整個人類社會網路的視角來看問題，結論可能就會有一些變化。雖然技術總是帶來繁榮，但用簡單的經濟總量分析，有三個方向上的變化是看不到的。

第一個方向上的變化，是空間。

新技術雖然創造出了更多新的工作崗位，但新的工作崗位不見得在本地。比如，網路電商把很多本地店舖擠垮了，同時創造出物流快遞、在線客服、電腦工程師等更多新的工作，這些崗位就可能分布在其他省分。更極端的情況，比如美國的很多網路公司，它們的客服部門可能是設在印度，這樣工作機會就轉移到了印度。

從人類總體的經濟狀況來說，當然是有改善，但是政治、社會問題卻是本地政府來處理。地方政府總不能對失業者說，雖然你失業了，但印度卻增加了兩個在線客服崗位。

第二個方向上的變化，是時間。

新技術雖然產生了新工作，但是新工作要求掌握新的技能，新技能的學習需要時間，不僅需要時間，而且這種學習可能是痛苦不堪的，甚至是根本不可能完成的。跟不上的人，就會成為輸家，輸家太多，也會轉化成政治和社會的難題。

比如有人就根據這種說法，分析第二次世界大戰的起源。

第二次工業革命，電氣化革命來得太快，不到一代人的時間，鐵匠的職業消失了，新產生的工作是辦公室的白領。鐵匠這輩子轉不了行，鐵匠的兒子才有機會，這就累積下了巨大的社會矛盾，間接導致了二戰的發生。

第三個方向上的變化，就更可怕了，是財富向金字塔頂端的人群集中的機會。

比如，留聲機的發明，讓音樂這個產業立刻開始大洗牌。原來音樂不可保存、轉瞬即逝，音樂的欣賞場景是分散的。小地方的音樂家水平即使不行，但也有表演和生存空間。後來有了留聲機，最出色的音樂家原來只能賺本地聽眾的錢，現在可以賺到任何地方聽眾的錢，大量的財富向金字塔頂端集中。

體育領域也有類似的現象。比如，美國職業籃球聯賽在一九九〇年之後，因為有了電視技術、衛星通訊、實況轉播、網路這些新技術，NBA實現了國際化，收入來源也就從美國變成了全世界。這就直接體現在財富分配上，一九八〇年初，著名球員賈巴爾的年薪是六十萬美元。而現在呢？一個比較好的NBA球員能拿到千萬美元以上的年薪。這些錢從哪兒來？世界各地的體育產業的收入都集中到了金字塔頂端。

看到這裡有人可能會問，羅胖是不是這個時代的勒德分子？你的結論是不是說新技術確實在摧毀就業？

不是，新技術總會發展，這個趨勢是不可逆轉的。新技術總是帶來新財富，製造新的工作崗位，這個規律也不會打破。經濟學家說得對，但是空間、時間、基層與金字塔頂端之間的分配不均，帶來的社會和政治問題，這就不是能在經濟學框架裡得到解決的。

但是請注意，我的觀點並不是說，新技術是洪水猛獸。我只是想說，新技術會帶來一系列我們始料未及的政治和社會規則的變化。

什麼變化呢？這個話題太大，在此只舉個例子。

想像一個場景，比如將來發明了一種可以將壽命延長十年的藥，那賣什麼價格？不好意思，沒有通用的價格。統一定價，每一個人財產的1%可以換一粒藥。也就是說，窮人出的錢少，而像那些富豪可能就要出一大筆錢才行。雖然這不符合我們現在相同商品相同價格的市場習慣，但是未來，這種定價方式，在新技術條件下確實是可行的。

富人買什麼都可能會貴得多。也就是說，未來可能不僅是政府會向富人徵稅，各個行業都有可能變相向富人徵稅。徵來的稅，本質就是在補貼窮人。社會在新的技術條件下，可能又回到一種相對平衡的狀態。

當然，這個例子只是一種假設。我想說的是，人類社會的一些基本規律不會變，技術帶來繁榮這個規律不會變，技術帶來貧富分化這個規律也不會變。但是反過來，人類總是既要效率也要公平，這個規律同樣不會變，技術會帶來新的手段來遏制貧富分化的政治後果，這個規律更不會變。

所以，兩個結論來了。第一，過去發生的事情，未來還是會反覆發生。第二，只不過我們無法想像它未來發生的時候的具體形式。技術不是帶來一個悲觀的未來，技術會帶來一個我們還無法想像的未來。

為什麼會有低欲望時代？

大家有錢，但是不消費，其實仔細說來，這不是欲望的消退，而是很多消費不再是一件公共領域內的事兒，不再起到標定一個人社會階層的作用，這就是微粒社會對於商業社會的影響。

微粒社會，就是顆粒度很小的社會。當人各個維度的特徵都可以被記錄，都被納入了算法之後，每個人都很獨特，就很難用一個粗略的特徵，大顆粒度的概念來描述一個人、歸類一個人，由這樣的人構成的社會，就是微粒社會。

微粒社會最主要的後果是每一個人都被暴露在無窮大的風險和機會當中，這既是好事又是壞事，成就自己和保護自己的責任都落到了我們個人頭上。

當然，微粒社會的影響還遠遠不止於此。這一篇我們再談談，這場社會變革對於商業的影響。

我們先從一個刮鬍刀說起。刮鬍刀市場中最著名的品牌，不用說，就是Gillette。

Gillette刮鬍刀，創建於一九〇一年，幾乎它一起家就是壟斷地位的強勢品牌。一九一七年，它在美國市場的占有率就已經達到了80%，在全球刮鬍刀市場的占有率也一直是絕對霸主，這是二十世紀的一個商業奇蹟。

但是，就在前幾年，Gillette遇到了一場小危機。

二〇一二年，美國刮鬍刀市場上崛起了一家叫DSC的公司，成立短短四年時間，就做到了十億美元的市值。

那它對Gillette的衝擊有多大呢？就拿二〇一六年的數字來說，這一年，美國刮鬍刀線上銷售的份額，DSC占到了一半以上。霸主地位，在網路銷售這個環境裡面，居然易主了。而Gillette在線上銷售才20%。從整體市場份額上看，Gillette二〇一七年在全球市場份額也從過去的70%下滑到54%。

能把Gillette這個百年霸主逼到這個份兒上，DSC有什麼絕招？沒別的，就是我們中國人再熟悉不過的一招——價格戰。

DSC最開始火起來是因為創始人杜賓做了一個病毒傳播影片。杜賓學過八年即興喜劇，說話很有煽動性，這裡可以挑兩句聽聽。

第一句：「你喜歡每個月花二十美元在刮鬍刀上嗎？我告訴你，十九美元都給了費德勒！」這句話是什麼意思？暗指Gillette刮鬍刀的品牌營銷費用太高了，付給了像網球明星費德勒這樣的廣告代言人了。這筆錢，其實最後都落在了消費者的頭上了。

杜賓經常說的還有一句話，「你以為刮鬍刀需要震動手柄、閃光燈和十層刀片嗎？想想看你帥氣的爺爺，當年一層刀片也用得很好！」這句話是在嘲笑Gillette的產品過度研發，消費者其實不需要那麼多花稍的功能。

總結下來，DSC主張的消費理念，就是一條——夠好就行。它賣的刮鬍刀，每個月最低只需要一美元就能拿到五個刀頭，最貴一檔每個月也就九美元。這樣的刀片就足夠好，你根本不用花二十美元買著名品牌Gillette。

在歷史上，Gillette是家百年企業，它不是第一次遇到這種搞價格戰的對手。比如，二十世紀三〇年代，美國也是低價刀片橫行，二十世紀七〇年代，刮鬍刀品牌ＢＩＣ發起的價格戰，Gillette都能輕鬆化解難題，這次為什麼遇到了真挑戰？

要知道，強勢品牌之所以強勢，不僅是因為知名度高，美譽度好，而是因為這些品牌還是一種社交貨幣。我買它，不僅是為了用它，還是為了讓別人看到它，看到它後就能解讀出我想釋放出來的訊號。比如，買名牌包包、名車，目的是為了顯示自己的身分。在這種品牌面前，搞價格戰當然就沒有用。

在這裡推薦一本書，叫《格調》，副標題是「社會等級與生活品味」。這是瞭解現代消費社會的一本經典著作，這本書會告訴你，消費遠遠不只是使用消費品，在現代社會裡，它還是我們在表面的平等社會裡面塑造不平等的一種手段。

你穿什麼衣服、開什麼車、客廳裡有什麼擺設、餐桌上有什麼舉止和禮儀，一系列的細節構成了你在世界上的位置。在現代平等社會裡，人其實是分成九個階層的，這九個階層之間沒有法定、剛性的邊界，但是你的消費組合，這些極其細微的差別，讓你的階層在其他人眼裡一望而知。請注意，這些消費品不一定是要貴，但是識別性一定要強，否則怎麼能保證你的階層被大家一眼就能看到？你看，這才是強勢品牌真正的秘密。

刮鬍刀這個產品也有類似的作用。美國早年間有一個調查數據稱，刮鬍刀80%的直接購買者都是女性。女性又不長鬍子，為什麼買刮鬍刀？它是禮品，刮鬍刀很適合作為女性送給男性的禮品。價格不貴，等次也拉得開，對方肯定用得著，而且各種關係都可以送，送男朋友、送老爸、送同事都行。這就是很棒的女性社交貨幣。

既然是社交貨幣，購買者當然就會很在乎品牌。我得送得體面，我得讓你一望可知我花了多少錢，而這個產品實際好不好用，性價比高不高，反而不是我最在意的事兒。現在消費者也是這個心態，二〇一八年阿里的電商數據統計，從單價來看，女性購買刮鬍刀比男性更捨得花錢。

正是因為這個原因，一百多年，Gillette的強勢品牌策略就非常管用，用價格戰根本就撼動不了它的地位。

但是奇怪，為什麼這次ＤＳＣ對Gillette發起的價格戰，就起了作用呢？有的解釋是這樣，說現在的消費者理性了，不願意被糊弄了，甚至有人說這是一種消費文化上的返璞歸真。

這種解釋不能說錯，但是卻浮於表面。

為什麼？因為人性是不變的，消費的欲望，在鄙視鏈中占據優勢的欲望，還有我們剛才提到用消費品構成階層標誌的欲望，這些都埋藏在人性深處，沒那麼容易改變，這跟我們生活在哪個時代沒太大關係。

ＤＳＣ刮鬍刀之所以能成功挑戰Gillette，正確的問法，不是為什麼這次價格戰管用了，而是，為什麼現在鄙視鏈斷裂了？強勢品牌的社交貨幣作用為什麼弱化了？「夠好就行」這句話每個人心裡都有，為什麼原來大家不買帳，現在一說出來，大家就覺得真是這麼回事？

這就還是要回到這一篇主題上來——因為「微粒社會」。

在微粒社會下，人就不能分成誰是精英階層、誰是下流社會這樣抽象的群體符號。這些符號正在喪失它的魔力，每一個人都不一樣，傳統的社會階層，別說九個了，九十個，九萬個，也不足以描述現在的社會分層和分群。

但品牌的作用還在，比如汽車、手機、名牌包、服裝，這些能夠強烈表達個人階層的消費品，這幾年品牌的作用不僅沒有弱化，反而在加強。比如，二〇一八年，中國整體汽車市場的銷量，二十八年來首次下滑，可是豪華汽車的銷量卻上漲了10％。消費文化一點也沒有返璞歸真，大家還是要有鄙視鏈、有分層。

但是，在日常消費品市場、私人消費品市場，鄙視鏈確實有斷裂的跡象。因為每個人的生活都在彼此遠離，消費這件事上，公共領域正在迅速縮小。你過你的日子，我過我的日子。刮個鬍子，要那麼好幹什麼，這種商品社交貨幣的作用在迅速下降。消費者都是理性的，夠好就行，這句話當然就容易說服人了。

這不是一個個別現象，這是一個全球性的現象。日本的無印良品崛起，中國主打性價比的小米的崛起，都是這個現象的一個側面。

日本學者大前研一提出的「低欲望社會」的概念，也是因為觀察到日本的一個現象。大家有錢，但是不消費，其實仔細說來，這不是欲望的消退，而是很多消費不再是一件公共領域內的事兒，不再起到標定一個人社會階層的作用，這就是微粒社會對於商業社會的影響。

微粒社會的到來，就商業而言，這是很多巨無霸的大災難，反過來這也是很多新興品牌的好消息。

一個人說自己命不好，藉口而已。
一個人說自己的成就，只是運氣好，
你千萬別當真，這只是他謙虛而已。

第7章

管理的藝術

企業管理是寬鬆好，還是嚴格好？

NETFLIX就是典型的西方好公司，一把扯掉了公司偽善的面紗。

它旗幟鮮明地說了一句話：我們只招成年人。

這二十年來全世界都崛起了一批網路公司，它們身上有一個奇怪的矛盾。一方面，它們總是願意對外展示自己年輕、活潑、寬鬆的企業文化形象，公司裝修時髦，有寬大的公共空間，穿長短褲和拖鞋可以上班等等，這和老式公司不一樣。但是另一方面呢，網路公司的競爭環境又非常慘烈，所以搞出了「996」工作制。

那麼網路公司對內部組織的策略，到底是嚴格更好，還是寬鬆更好呢？這本來是一個見仁見智的問題，不同的公司有不同的答案。但是最近我看了賴建誠老師的《教堂經濟學》，對這個問題，就有了一個新的視角。

《教堂經濟學》這本書研究的是歐洲中世紀的基督教組織，不過是用經濟學的方法來研究的，所以得出來的很多結論也很有意思。

對於一個宗教組織來說，分兩類，一類教規嚴格、苛刻、門檻高；另一類教規寬鬆、開放、門檻低。那麼兩種風格的組織哪一種更有利於組織的長久存在？

很多人的第一反應可能是，當然是教規寬鬆開放門檻低的更受人歡迎。如果把宗教組織看成是企業，企業當然要能廣泛地吸納社會各界人才，為最廣大的人群服務，才能有活力。

中國歷史上的經驗也是這樣。就拿中國的宗教佛教來說，唐僧取經回到長安，獲得民間那麼大的聲望和朝廷堅定的支持，但是他創立的唯識宗，因為門檻太高，過不了多久，就銷聲匿跡了。相反，在中國佛教史上，門檻很低的禪宗和淨土宗最後發揚光大。

但是，我讀了賴建誠的《教堂經濟學》後發現，在歐洲歷史上，這個規律恰恰是反過來的。那些教規嚴厲、堅持傳統的教派，比自由開放的教派，更能長久存在。

最典型的例子就是，古羅馬帝國原來就是寬鬆的多神教，什麼神都不排斥。羅馬帝國每征服一個地方，就把那個地方的神請到羅馬來，供到萬神殿裡去。結果，卻被嚴格的、更苛刻的一神教基督教取代了。

進一步研究還發現，在歐洲歷史上教規嚴格的教派，信徒的家庭收入水平較低、教育程度較低，但每週參與教會活動的時間更多，對教會的捐獻比例反而更高。雖然都是大老粗，但大老粗在一起，反而組織力很強，這些教派可以禁得起風雨，能長久存在。

而自由寬鬆的教派吸引了那些素質較高的信徒，他們收入更高、文化水平更高，但這些人加入教派以後，對教派的參與和奉獻較少。看上去「談笑有鴻儒，往來無白丁」，但其實組織力卻很薄弱，一帆風順時還好，如果遇到外界變化，隊伍立馬就不好帶了。個性自由解放和組織長久存續之間，好像一對矛盾和衝突。

這就需要從組織的功能說起了。任何人類社會的組織，都是為了實現某種功能。對於社會來說，宗教的一個重要作用就是提升社會成員的道德水平。宗教都是用類似天堂地獄、今生來世的描述，來約束信徒多做善事不做壞事。

別小看這件事，這是一個社會正常運行的前提。社會成員普遍道德高尚，從經濟學上講，可以大量節省交易費用，提高人際交往和協作的順暢度。可以說，道德是一種很重要的、高價值的公共品。所以，每個社會都要有自己的「道德生產機制」。我們中國古代社會的「道德生產機制」是儒家傳統倡導的種種倫理。

而在西方，這個「道德生產機制」就是宗教。西方人去教堂做禮拜，神父們在上面講的也大多是那些道德信條。換句話說，我們可以把歐洲中世紀的各個教派看作大大小小的「道德生產工廠」。

嚴厲的教派招募信徒時就比較嚴格，有共同核心信仰的人才能加入。這樣，組織內部的同質性很高。遇到事情，戰鬥力比較強。如果平時不遇點大事，對信徒的道德塑造能力也比較強，對信徒違反道德的威懾力也比較強。

這就是道德生產最大化。這家道德工廠的產品的產量、質量都很高，完成了自己的社會使命，適應了社會需要，那當然就能持續吸引社會資源，能長久存續。

那再來看那些寬鬆教派，它們長久不了也是應該的。它們可能讓每一個參加者都更愉快，沒有人約束，但是它們沒有生產出社會需要的道德產品，更像是輕鬆愉快的俱樂部。站在社會角度來看，沒生產任何東西的組織就是多餘的組織。多餘的組織在平時還無所謂，但一旦出現社會的普遍危機，就得不到社會資源的持續輸入，穿越不過時間的進化剪刀。

要是理解了這一點，我們可以作進一步推論：如果一個組織，無論是西方的基督教組織，還是現在的企業組織，只要這個組織想生產些什麼東西，想向社會交付特定的產品和功能，就要規矩嚴格、提高門檻、寧缺勿濫，隨時準備清理門戶。

反過來，有些組織不想生產什麼，也就無所謂，怎麼開心怎麼來，想要的就是過程的輕鬆愉快。前文介紹過《給力：矽谷有史以來最重要文件NETFLIX 維持創新動能的人才策略》，NETFLIX 就是典型的西方好公司，一把扯掉了公司偽善的面紗。它旗幟鮮明地說了一句話：我們只招成年人。

這句話看起來簡單，其實內涵非常嚴厲，最近聽到很多公司都在說這句話。它的內涵有好幾層：

第一，公司不是員工的媽媽，不會事無鉅細、方方面面地照顧員工。

第二，公司隨時會給員工製造挫折感，而且不會照顧員工的感受，到時候請你用成人的方式對待這些挫折。

第三，公司會不斷提高篩選人的標準。

這不就是最嚴厲的教派對待教徒的方式嗎？不用驚訝，所有生產型組織必然如此。因為只有這樣，才能打造出高效的生產協作體。

可能你會覺得這些話讓你不舒服，認為公司不是集體嗎？不是一個溫暖的家嗎？怎麼在底層會是這麼一副嚴厲的面目呢？

一位老闆這麼跟我描述一家公司的狀態：可以用一個象限法，就是我們把效率高不高和員工心情好不好當作橫軸和縱軸，這就出現了四個象限。

最好的狀態當然是效率又高大家心情又好，這種狀態叫「心流」，熟悉心理學的人都知道，這種狀態是可遇不可求的，不是正常狀態，可以排除。

效率不高，同時員工心情也不好，那這種公司壓根兒就不會存在，也可以排除。

那就剩下兩種可能性了。大家心情很好，但是效率不高，員工高興了，但是老闆不樂意，事實是在市場上這樣的公司活不下來，因為它什麼也生產不出來，所以這種公司也不會存在。

於是只剩下一個狀態了，就是效率高，但是大家適度地容忍心情不好。只有這種狀態可以持續。

企業的制度設計：現代化公司治理的核心難題

在現實中有限公司的制度下，法律上認可的企業老闆，是抽象的「董事會」，其實裡面大多數的股東都是分分鐘可以套現走人的。那這家企業有沒有老闆？該負責的沒有權力，有權力的並不負責，這就是現代公司治理的核心難題。

有一個概念，叫開一個「內心董事會」。簡單說，就是在面臨重大決策的時候，你可以做一個思想實驗，把各種利益相關方拉到這個假想的董事會上來開開會，幫你作決策。

這麼做的好處至少有兩條：第一，並不真正驚動利益相關方；第二，就是可以考慮到現實中並不存在的利益相關方。

現實中並不存在的利益相關方，那他重要嗎？重要。比如，關於環保，就有人提出來，之所以有環境保護問題，就是因為缺少利益相關方的在場，也就是我們的子孫。我們人類是一個命運共同體，這指的不只是現在活著的人，也包括現在還沒有出生的人。但是，這個世界的所有決策，都是由活人做出的，子孫們並沒有在場投票，所以我們就總會傾向於把地球上的資源用光用盡，侵害他們的利益。有人就提出來，要像公司裡面設立獨立董事一樣，有人代表子孫來參與決策和投票。

這個例子說明，我們人類的決策機制其實是有重大缺陷的，不管我們多麼想周全地照顧到各方利益，總有一些維度、一些立場是我們沒有考慮到的。這對一個事業、一個組織的長遠發展，就有很大的威脅。這不僅是對於全人類，即使是對一個企業來說，這也是一個很要命的問題。

我們簡單回顧一下企業的制度發展史。最早的企業，一個人或者一個家族負責經營，獲取收益也好，承擔風險也好，都是它自己。但是後來，就出現了有限公司制度。簡單說就是，投資人只承擔出資範圍內的責任。

但是每個股東都只對這點錢負責，他對公司就沒有什麼責任感了。比如說你買了某家公司的股票，你真對那家公司有什麼責任感嗎？那是誰在負責？當然就是公司的管理層，尤其是高級管理層。

這就引出一個新的問題：管理層是花別人的錢給自己賺錢，這就讓他們的權利大於他們的責任，很容易出問題。

倒推兩三百年，亞當．史密斯就因此堅決反對有限公司，別看他主張自由市場，他其實反對我們現在由有限公司組成的自由市場。他的一句名言是：「有限公司的董事，管理別人的錢財，而不是管理自己的錢財。他們絕不會像私人合夥公司的合夥人那樣時時刻刻都小心翼翼地看管錢財。」

不僅亞當．史密斯，當時社會的人普遍都是這麼看的：如果不是100％地擁有公司，管理者就很容易冒過分的風險，以小博大。這必然損害其他投資人的利益。

所以，在早期，開辦有限公司不是一種普遍權利，而是一種特權，政府只允許那些對國家利益有重大影響的公司搞有限責任制。比如，創辦於一六〇二年的荷蘭東印度公司，就是政府特許的有限公司。這家公司的任務是去和英國的東印度公司競爭，所以荷蘭政府給了他們這個特權，其他人不行。

到了十九世紀中期，發生了重大變化。這時候，出現了鐵路、鋼鐵、化工這些大型企業。這些企業需要巨額投資，個人或者少數人根本不可能承擔，要靠大家齊心協力往裡面砸錢。

這就必須實行有限責任制了。一八四四年，瑞典首先開始推行有限責任制度。英國緊隨其後，一八五六年開始推行。十九世紀六、七〇年代，西歐、北美國家相繼都推行了有限責任制度。

這麼做的好處是立竿見影的，大型工業企業可以出現了。直到今天，絕大多數市場主體都是這種有限公司。這是現代市場經濟的基礎。

那這是不是表明亞當．史密斯很迂腐，他當年的擔心是錯誤、是多餘的呢？未必。

第一批出現的大型公司往往有一個特徵，那就是創辦者都是企業英雄式的人物，比如亨利．福特、愛迪生、洛克菲勒、安德魯．卡內基、克虜伯、卡爾．賓士、雷諾、雪鐵龍等。那是各種產業「大王」、個人英雄輩出的時代，鋼鐵大王、鐵路大王、石油大王、汽車大王等。

這些產業大王創辦的公司，雖然制度上是有限公司，但他們的個人能力極強，對公司的掌控力也很強。而且，他們個人的社會地位、利益和公司緊緊綁在一起。這在事實上形成了強大的約束力，讓他們必須從公司整體和長遠利益考慮，不能過度冒險，不能寅吃卯糧，實際上起著近似無限責任的作用。換句話說，這時候的有限公司，其實有名無實。

但是，到了「富二代」、「富三代」以後，情況就漸漸不同了。專業高管、職業經理人，逐漸取代了第一代的企業英雄。這時候企業已經做大，亞當·史密斯當年擔心的情況就來了。

在很多公司裡面，都出現了高管和股東勾結，一起從公司裡往外掏錢的情況。最典型的辦法就是，高管用公司利潤回購公司股票，保持股價上漲。股東放任高管薪酬一路上漲，其他人管不著。可是一家公司的利益相關方，可遠遠不止高管和股東。高管賺夠了錢，可以換一家公司打工。股東有流動性很大的股市，可以隨時拋掉股票。在現代企業制度下，其實無論是高管還是股東，他們並不是對公司最負責任的人。股東和高管對公司都不負責，那誰對公司最負責呢？

如果看過《薛兆豐的經濟學課》這本書就明白了，裡面講得很清楚，一家公司可以用到的資源分成兩類：一類是通用資源，一類是專用資源。所謂通用資源，就是資本、電力等，這些資源挪到別的地方也照樣用。專用資源是指專用的技術、設備、長期供應商、固定渠道商等，他們高度依賴這家企業。比如，你畢業了就來到一家公司，你練的手藝只有在這家企業有用，那你就是這家企業的專用資源。再比如，你是一家企業的供應商，你的全部產能都是為它打造的，沒了它，你很難找到下一個客戶，那你也是這家企業的專用資源。

那通用資源和專用資源誰應該當老闆，誰應該在企業中說了算呢？經濟學家認為，當然是後者。道理很簡單，他們離不開這家企業，所以他們對這家企業有強烈的責任心。

但是，這畢竟是經濟學家的主張。在現實中有限公司的制度下，法律上認可的企業老闆，是抽象的「董事會」，其實裡面大多數的股東都是分分鐘可以套現走人的。那這家企業有沒有老闆？該負責的沒有權力，有權力的並不負責，這就是現代公司治理的核心難題。

這樣大家也就能理解市場中為什麼會出現「同股不同權」這樣的新制度了。

什麼叫同股不同權？簡單說就是，大家都是股東，但是有的股東，股份不多，話語權卻很大。

過去我們說制度設計，往往是為了限制一個人的權力。在簡單社會，那是安全的需要。而現在講制度設計，往往還要讓一個利益攸關的人真正負起責任。在今天的複雜時代，這又是有效行動的需要。

創業，絕不是看起來那麼簡單，
不是憑藉一個好主意就能走到底，
而是一個人不斷地自我修煉、
不斷自我突破一道道關口的過程。

商業三級跳：創始人與領導者

所謂的創業，不是憑藉一個好主意就能走到底。

最近我看了一篇中歐商學院龔焱教授的文章，講的是「商業三級跳」。通常我們看一家發展順利的公司，覺得要嘛就是創始人、領導者很能幹，帶領隊伍一路向前；要嘛就是風口裡的豬，一陣風吹上了天，越飄越高而已。

其實深思一下，就知道不是這麼回事。天底下所有的事物，都有起步、發展、高潮、衰落的過程，商業世界也同樣遵循這個規律。所以，如果一家公司持續十幾年甚至幾十年還能保持高速增長，這其實是一件逆天的事情，因為違反事物的發展規律。

他們絕對不是只做對了一件事，借助了同一個趨勢。這當中，一定是完成了兩次以上的能力切換，才能保持這個看似平滑的增長勢頭。

龔焱教授把一個公司的發展，抽象成三個階段。第一個階段，就是我們通常說的從0到1，創業階段。第二個階段是從1到N，發展階段。第三個階段是從N到N＋1，轉型階段。這三個階段需要的能力，其實大不相同。

很多商業評論者往往看到一家公司裁人或者大批換高管，就判斷這公司不行了。其實未必，沒準兒恰恰是因為公司正處在升級換檔的過程，其實對公司是好事。

我們先來看第一個階段，從0到1、從無到有的創業階段。這個時候公司最好的經營方式就是四個字：精益試錯。核心妙訣就是快，唯快不破，快速試錯，快速迭代。這個時候，要求創始人和團隊，必須有創意、有拚勁兒，能玩命嘗試各種機會，找到公司發展的基礎。

這個基礎，矽谷有一個專門的名詞，叫「甜點」。找到這個甜點之後，公司的商業模式就算通過驗證，接下來是複製和放大。

進入第二個階段，從1到N，複製和擴張。這個時候公司的經營方式就要切換，不再是快速試錯、迭代，而是追求標準化和一致性。因為只有標準化，才能實現產品和服務的一致性，而只有一致性，最終才能複製和放大。

大公司一般都在這個方面做得特別好，特別細。比如你去坐飛機的頭等艙，要一份堅果，裡面每種堅果的顆數都是固定的，不是隨手抓的，要細化到這種程度。

但是所有的複製和擴張也都有極限，到了天花板，要繼續增長，就必須轉型。這又是一個新的階段，從N到N＋1。這個階段，企業的行為模式又要變了，從一路狂奔變成跨界轉型。

三個階段，三種任務，那團隊和領導人就需要有這三種能力。所以，只要是團隊能力發生了錯配，就是跟當前階段不一致，公司就有危險。

錯配也有兩種，一種是超配，就是下一個階段的人才在做上一個階段的工作。

我們在創業市場上經常看到一個現象，為什麼很多大公司出來的非常能幹的人，他們一創業就能拉出豪華團隊，但是往往不靈呢？原因就是他們擅長的是把一個已經驗證的商業模式不斷複製和擴張。但是在找到那個甜點、在快速迭代的能力上反而不夠，這是超配。

當然，更常見的是人才低配。就是創業公司的創始人，把公司帶到第二個階段的時候，能力跟不上了。按照龔焱教授的統計，這個時候40％的創始人會被換掉，其中又有80％是被迫的。親手帶出來的公司，就這麼不得不放手。

舉個著名的例子，Twitter的創始人叫傑克，剛開始公司在第一個階段發展非常順利，這是傑克的功勞。但是進入第二個階段，公司出問題了。

傑克做為CEO，他的財務能力不足，也就是不會算帳，他只會用自己的筆記型電腦管理公司支出。但是公司大了，各方面的財務非常複雜，傑克經常算錯帳。

就因為這個原因，投資人一合計，就把他換掉了。當時的場景非常殘酷，兩位投資人從東海岸的紐約飛到西海岸的矽谷，他們約了傑克吃早飯。等點完餐，投資人就和他說：「我們打算換一個CEO，當然，可以給你保留一個沒有實權的主席職位，在董事會上保持沉默的一席。」

傑克說：「什麼？請你再說一遍！」投資人一字不差地又重複了一遍剛

才的話，然後拿出法律文件，說要嘛簽字，要嘛你找一個律師吧。就這樣，傑克CEO的位置就丟了。

Uber公司換CEO也是這樣，CEO還在芝加哥的酒店裡面招聘高管，兩個董事遞進一封信——其中的一條要求，就是讓他在當天二十四點之前辭職。雖然萬般不情願，但是拖到當天二十三點五十五分，他也只好辭職了。

這看起來很不近人情，但是沒辦法，能力跟不上公司的發展，就得讓位。

到了再下一個階段也一樣，有的人善於做複製和擴張的團隊，但一旦觸及業務的天花板，公司發展停滯，往往還是得靠換人來解決。這個點上，換人會換誰呢？常見的情況是，創始人強力回歸。關於Apple公司賈伯斯的被迫出走和最後回歸，其實就是一個最典型的例子。為什麼這個時候又需要創始人了？因為這個階段的跨越，本質上就是再次創業，是為公司尋找到一個新的發展空間。

歸納一下，一個公司在發展的過程中，需要在三種能力之間不斷切換、迭代：探索能力、標準化能力和二次創業能力。

所以，瞭解商業世界越多，我對那些能把企業做大的企業家就越敬重。遠距離看，他們好像也沒有什麼了不起，無非就是乘勢而上嘛。馬化騰是因為網路興起，馬雲是因為電子商務興起，一旦選對了跑道，好像就應該長到現在這麼大。所謂「風來了，豬也能飛起來」。

但問題是，為什麼是他們，而不是別人？尤其是，為什麼他們能夠跨越三個不同的階段，甚至是跨越好幾輪三個不同的階段，一直沒有掉隊？這背後，一定有超出常人的能力、稟賦、艱難、轉型和承擔。所謂的創業，絕不是看起來那麼簡單，不是憑藉一個好主意就能走到底，而是一個人不斷地自我修煉、不斷自我突破一道道關口的過程。

這讓我想起一句話——命，弱者的藉口；運，強者的謙辭。一個人說自己命不好，藉口而已。一個人說自己的成就，只是運氣好，你千萬別當真，這只是他謙虛而已。

房間裡的大象——組織內的訊息流動

為什麼現代企業管理講究要層級扁平？為什麼大企業要拚命實行中層幹部輪班？

二十世紀八〇年代，美國曾經有一家非常厲害的公司，叫王安電腦，創始人王安是華裔美國人。

王安電腦厲害到什麼程度呢？比爾．蓋茨曾說：「如果王安能完成第二次戰略轉折，世界上可能不會有微軟，我也不會成為科技偶像……我可能就在某個地方做一名教師，或是一個律師。」

但是，這麼厲害的一家公司，一九九二年卻破產了，以至於今天都很少有人知道它。它失敗的原因有很多，其中很重要的一個原因是，王安把公司交給了他的兒子王烈管理。在王烈時代，公司出現了一系列重大的決策失誤。但是王安說：他是我的兒子，我信任他。

企業決策失誤很正常，但奇怪的是，這些錯誤命令都被忠實地執行了。在當年的IT行業，王安就是一個神話，誰敢懷疑他的判斷？所以公司上下明知前面有地雷，仍然是肩並著肩地往前衝。就這樣，一家偉大的公司最終倒閉。

這樣的故事，在創業界特別多。這些悲劇都有一個共通之處：公司往往不是被突發、意外的事件打垮，相反，其中的人早就知道有危險，可是因為大家都不說話，最終導致公司陷入困境。

這個狀態，就是英語中的一句俗語「房間裡的大象」，意思是說房間裡分明站著一頭大象，大家都看見了，可是人人都沉默，好像它不存在，直到慘禍發生。

「房間裡的大象」這個概念現在用得很多，就是指那些觸目驚心地存在，卻被明目張膽地忽略甚至否定的事實或者感受。還有一個定義，更加準確和傳神：房間裡的大象，就是那些「我們知道，但是我們清楚地知道自己不該知道」的事。

比如吸菸，大家都知道有害健康。可說實話，如果你在抽菸，別人勸你「這對身體不好」，你會搭理嗎？如果你不吸菸，看見別人在抽菸，你會勸他「別抽了，注意身體」嗎？大概沒人這麼不知趣吧。「房間裡的大象」明明就在，但是沒人說它在。

這個詞和西方文化中的另一個詞，可以相對應地理解，「皇帝的新裝」，是明明沒看到，但是大家都假裝看到。「房間裡的大象」正好反過來，明明看到了，但是大家都假裝沒看到。

出現這個現象，有好幾個解釋的角度。其中一個解釋，是所謂「社會性誤會」。

誤會和偏見，本來是不好的東西。但是有些誤會，是社會需要我們有的，我們還能從中獲利，甚至依靠它生存，這就叫社會性誤會。比如，就像「性」的話題，性本來大家與生俱來，可是如果在公開場合談論，會讓大家尷尬。所以，「性」這頭大象就站在房間裡，在人類生活中那麼重要，我們卻很少公開談論它。

再比如，為了避免痛苦，許多當年從納粹集中營裡活下來的猶太人普遍不願談起那段經歷，因為曾經尊嚴掃地，每次回憶都相當於又被羞辱一次。而加害者們，也不願舊事重提，因為這要經歷道德煎熬。這也是一頭房間裡的大象。還有，為了減少孤獨感，這也是一種社會性誤會。

人在社會中經常會產生孤獨感，但是人類恐懼孤獨，所以我們總是不自覺地在想，別人會接受什麼觀點，我們來迎合一下。很多房間裡的大象，就是這麼出來的。

對這個現象，傳播學上有一個解釋的角度，叫「沉默的螺旋」。簡單解釋一下，就是如果出現了一個有爭議的話題，每個人都會先去感知一下身邊意見的氣氛。如果自己的意見屬多數派，那就放膽地說，越說聲音越大。如果覺得意見的氣氛對自己不利，自己的觀點是少數派，那很多人就會保持沉默，這一派意見的聲音就越來越小。這兩個過程疊加在一起，是震盪式放大，螺旋式上升，這就叫「沉默的螺旋」。那些沒有被表達出來的意見，聲音越來越小，就變成了我們今天說的「房間裡的大象」。

從整個社會來說，這個現象的源頭是人性，無可避免。但是如果在一家公司裡面，任由「房間裡的大象」存在，這就很可怕了。一般理解，企業的老闆設置各式各樣的機構，任命各式各樣的幹部，本質上就是在蒐集決策訊息。所以按道理來說，企業的老闆是最瞭解訊息的人。但實際情況正好相反，因為「房間裡的大象」的存在，企業老闆恰恰可能是對最關鍵的事實一無所知的人。所以，比爾・蓋茨有一句話，重新定義了一下什麼是CEO。他說：「所謂CEO，就是公司裡最後知道公司要破產的那個人。」

那在企業組織裡面，怎麼才能趕走「房間裡的大象」呢？很難。但是行為經濟學還是提供了一個線索。

有一個很著名的實驗：在一個玻璃罐中放滿糖果，然後請一群人來猜，這裡面有多少顆糖。每個人猜的差異很大，有的猜二百，有的猜一千。但奇怪的是，只要把他們猜的答案一平均，居然和實際的數字相差不多。比如，二〇〇七年在哥倫比亞商學院就做了一次這樣的實驗。糖的實際數目是一千一百一十六顆，七十三個學生參加實驗，平均數為一千一百一十五顆，只差一顆。所以你看，人群中湧出的群體智慧遠遠超過了個人智慧。

但是請注意，這個實驗有一個重要的前提，就是參與實驗者彼此之間必須互相獨立，在給出自己的答案前不能互相溝通。保持群體中每一個個體的獨立性，是群體智慧發揮作用的重要前提。

當然也有人做過相反的實驗，就是取消獨立性，允許參加實驗的人在給出自己的答案之前討論一下。結果怎麼著？群體智慧的光環消失了，正確率大幅降低。

原因就是，根據前面講的「沉默的螺旋」理論，一旦人群內允許相互交流，那就一定會有「意見領袖」冒出來。

這些人推理能力強、口才好、有威信，他們斬釘截鐵說出來一個結論，其他人就只好跟上。「沉默的螺旋」就立即開始起作用，大家的判斷迅速向這些意見領袖的判斷集中，群體智慧也就消失了。受這個實驗啟發，要想讓「房間裡的大象」顯形，就必須抑制那些意見領袖發揮作用。

一家公司的基因，最重要的是「訊息傳遞方式」。那些小公司，為什麼氣氛好、效率高？往往就是因為人少，訊息傳遞機制非常健康，是多管道、雙向傳遞的，速度還非常快。

但隨著公司逐漸成長，漸漸變大，開始出現部門、層級。表面上這是好事，因為設置這些機構和層級，本身是為了解決效率問題的。但是有一個負面的因素在暗暗生長，就是訊息傳遞機制會逐漸向速度緩慢、單向、自上而下的方向發展。那些部門經理是組織關鍵的訊息節點，就是在扮演「意見領袖」的作用，那組織內就會出現嚴重的消音機制。最終的結果就是，最應該掌握全面訊息的關鍵決策人，恰恰不掌握關鍵訊息，房間裡出現了一頭或者很多頭大象。

所以，為什麼現代企業管理講究要層級扁平？為什麼現在企業招人，要講究自我激勵、自我驅動？為什麼大企業要拚命實行中層幹部輪班？

從這個話題的角度來看，它們某種意義上的目的就是抑制那些組織內的意見領袖、超級節點的作用，讓訊息交互充分地流動起來，讓房間裡的大象現出原形。

得到一項利益帶來的快樂，遠小於損失同樣利益帶來的痛苦。

「灰犀牛」的實質是人性的缺失

世界上並沒有真的「灰犀牛」，如果要有的話，它就是我們人性的缺失。所以，趕走「灰犀牛」的過程，其實就是和人性捉迷藏的過程。

上一篇我們分享了一個概念，叫「房間裡的大象」，這一篇我們聊一個相似的概念，叫「灰犀牛」。它們都是指潛在的風險，但是它們還是有不同之處。「房間裡的大象」人人都看見了，可是出於各種「社會性誤會」和心理需要，大家都不說，是心照不宣的風險。

而「灰犀牛」則是指那些大家都看見了，也都說出口了，有人還在喊，可沒人管，也沒人負責，似乎也不難解決，可就是沒能及時解決的風險。

為什麼叫灰犀牛呢？灰犀牛是陸地上除大象之外的第二大動物，牠平時動作緩慢，一般來說，對人畜無害。但你別招惹牠，萬一把牠惹急了，這麼個兩、三噸重的怪物以每小時五十六公里的速度衝向你，那後果就很嚴重了。

最早使用「灰犀牛」這一概念的是美國學者米歇爾・渥克，他專門寫了本書，就叫《灰犀牛》。

在生活中，經常能看到這樣的現象：一條路，車也走，人也走，就是沒紅綠燈、沒探頭，也沒人管理，交通秩序很亂。大家都說：「這麼下去，非出車禍不可。」也有人向上反映，打個熱線電話什麼的，可就是沒人管。

直到有一天真出了車禍，甚至出了人命，警察來了，紅綠燈、探頭之類也都裝上了。為什麼非要等出了事才有人管？這其實就是典型的「灰犀牛」事件。

在企業界，稍作統計就知道，在倒閉的公司中，99%以上不是因「黑天鵝」事件而失敗，而是倒於一些常見問題，如管理失誤、產品質量不過關、服務不好等。這些公司的缺點，每個身在其中的人都心知肚明，甚至公司也是大會小會、大聲疾呼地要解決這些問題，但就是沒有人能解決它。這也是一頭「灰犀牛」。

現象如此，該怎麼應對？那本《灰犀牛》中，提到了應對「灰犀牛」事件的六條原則。

首先，承認危機。其次，確定每個「灰犀牛」事件的輕重緩急，有的放矢。其三，一定要行動，不要只訂計畫。其四，不要浪費危機，要利用危機去改變。其五，要站在順風處，及時發現危機。其六，要有全域觀。這六點解決方案，聽起來都對，但又好像是說：你驕傲了，就謙虛點；你學習退步了，就用功點。全對，但是不解決問題。如果這麼簡單，「灰犀牛」就不是「灰犀牛」了，也不可能有這麼多人栽在它手裡。

從整個人類社會的角度來說，想轟走「灰犀牛」，幾乎是不可能的事，因為它的根源還是人性。但是，從個人躲避危險的角度來說，轟走「灰犀牛」，還是會有一些方法的。

我們首先要問一個問題：一頭「灰犀牛」是怎麼逐漸長大的？飛機渦輪機的發明者德國人帕布斯．海恩曾提出過一個海恩法則：每一起嚴重事故的背後，必然有二十九次輕微事故、三百起犯罪未遂以及一千起事故隱患。海恩法則告訴我們：災難不會隨意發生，它是量累積的結果，每次災難必然包含著大量的人為錯誤。在被「灰犀牛」撞倒之前，我們肯定錯過了上千次預警，為什麼我們都沒有注意到它呢？

比如，有位王牌飛行員，一輩子沒誤過航班。這天早上正趕上有霧，不算太大，能湊合著飛。副駕駛問他：要不我們飛吧？飛行員想：安全第一，現在是早上，等會兒太陽升起了，霧會變小。

半小時後，太陽升起了，可霧反而變大了。飛行員一看，不行，再不飛，機場就關閉了，一生沒誤過航班的光榮紀錄就沒了，馬上飛。在跑道上滑行時，霧更重了，飛行員只好加速。恰好前面有輛加油車，按規章，飛機必須停下來。可飛行員一想：停下來再啟動，時間太長，說不準機場真就關閉了。於是他反而加速，想駕機從加油車頭上躍過去，結果撞了個正著，飛機上幾百個人全部喪生。

在這個案例中，王牌飛行員的錯誤是逐步升級的。由於前幾次都選錯了，他的後悔在不斷升級，最終他作出了錯誤的決定。如果你一開始問他：是一輩子不誤航班重要，還是全飛機乘客的生命重要？他當然能答對。可幾次誤判之後，「一輩子不誤航班」就成了不可動搖的前提，使他撞上了「灰犀牛」。是他不負責嗎？是他不專業嗎？不是，他只是每次都不肯放棄上一次努力的結果而已。

這才是關鍵。

人性深處有一個重大的缺陷，叫「損失厭惡」。就是得到一項利益帶來的快樂，要遠遠小於損失同樣利益帶來的痛苦。這個缺陷有時候會發展到荒唐的地步。

再舉個例子。有研究人員問接受調查者一個問題：假如你得了癌症，有款新藥可以治癒癌症，但是有風險，20%的服用者可能因此而死，你吃嗎？大多數人會選擇不吃。

但是如果反過來問：假如你得了癌症，有款新藥可治癒80%的癌症患者，但此外的人會死，你吃嗎？絕大多數人會選擇吃。這兩個問題基本是一樣的，但是得到的答案相反。原因很簡單，在前面的問題中，強調的是失去；在後面的問題中，強調的是獲得。

理解了這一點就會明白，為什麼我們會任由風險累積，放任「灰犀牛」長大。風險在增長的過程中，規避這些風險，會有潛在的收益，但是你別忘了，其實也有損失。

比如，處理風險，總會有麻煩。對現狀非常適應和熟悉了，改變起來，總會不適應。這都是損失。根據那個「損失厭惡」的原理，人類天然無法正確評估損失和收益之間的關係，總是傾向於高估損失、低估收益。

所以，風險總是不可避免地在累積，而擺脫風險的那些明智行動，總是顯得那麼少。

我們生活中會有很多這樣的經驗。比如一個行業、一個單位，明顯在走下坡路，但不是裡面的每一個人都會及時辭職，另謀生路的。他們是明知道大廈將傾，但是總覺得現在辭職有各種捨不得，包含感情的、利益的各種因素，他們會跟你講一大堆。這不就是在等「灰犀牛」撞上自己嗎？

人同此心，心同此理。

那從個人的角度來說，怎麼趕走「灰犀牛」呢？其實，根據剛才的分析，就是要能跳出收益和損失之間的比較，從置身事外的角度作選擇。舉個例子，假如你看中一件一千元的商品，心裡長了草，非常想買。這個時候，你就不能在買和不買之間選擇，因為這是收益和損失之間的比較，你很難理智評估。

你可以假想，假設有一千元和這件商品，同時放在我面前，只能選一樣，我會選哪一樣？用置身事外的角度來作決策，就會理智得多。

回到剛才那個辭不辭職的例子也是一樣。正確的思考角度，不是辭職還是不辭職，因為這是收益和損失之間的比較，很難保持理智。你要假設自己現在沒工作，選擇進這家單位，還是在人才市場上再找找其他機會。這麼想，你才能作出真正明智的決定。

總之，世界上並沒有真的「灰犀牛」，如果要有的話，它就是我們人性的缺失。所以，趕走「灰犀牛」的過程，其實就是和自己的人性捉迷藏的過程。

計畫與變化缺一不可

用當下時髦的話來說就是，要把複雜的、困難的事情辦成，一靠方針，二靠幹部。方針是幹嘛的？就是計畫。幹部是什麼？就是用人的能動性來應對變化。

在和對手博弈的過程中，有一招非常好用：就是給對手製造混亂，讓他處於訊息劣勢，然後趁亂取勝。如果你的打法是什麼都要事先計畫好，謀定而後動，你就永遠也打不過貝佐斯、隆美爾和特朗普這樣的人。

那問題來了，是不是說所有的計畫就沒用了呢？不，計畫非常有用，但不是我們通常以為的那種用處。

說到「計畫」這個詞，最容易聯想到的就是德國軍隊。即使兩次世界大戰他們都被打敗，德軍的形象依然令人望而生畏，是公認的軍事素質過硬、戰鬥力強大的軍隊。

其中，德國總參謀部發揮著核心性的作用。德國總參謀部有一項特長，就是在戰前制定事無鉅細、詳細周全的作戰計畫。比如一戰時的施里芬計畫，二戰時對波蘭、法國的閃電戰和對蘇聯的巴巴羅薩行動。

德國人制定作戰計畫時的詳細和刻板程度，外人是很難想像的。就拿施里芬計畫來說，它居然詳細規定到了每一支部隊每天的進展。比如，右翼部隊的主力，從動員開始後第十二天要打開列日通道，第十九天拿下布魯塞爾，第二十二天進入法國，第三十九天要攻克巴黎，一天都不能錯。每一支部隊有多少力量，配備多少武器裝備，戰爭開始後，從駐地到前線的鐵路運輸計畫等，全都詳細規定好了。

制定這個計畫的人就叫施里芬，他當了十幾年的德軍總參謀長，在任期間主要工作就是制定這個計畫。據說，到了一九一三年，八十歲的施里芬臨終時仍一再叮囑：「仗是一定要打的，只要確保我計畫中的右翼強大就行。」你看，他還是擔心計畫的執行者擅自修改他的兵力部署。

後來，第一次世界大戰德國失敗，也確實就有人指責是因為後來的總參謀長小毛奇擅自修改了施里芬原來的那份盡善盡美的計畫，削弱了施里芬臨死前還在擔心的右翼軍隊，所以才敗了。

今天我們不評價施里芬計畫本身的得失。我們今天關心的是，這些計畫是不是德軍戰鬥力強的原因呢？並不是。一位著名的德國將領坦率地說，戰前必須制定作戰計畫，但一旦開戰，所有的計畫也就作廢了。

計畫為什麼不起作用？因為計畫的目的，是為了統籌那些複雜的社會事務。可只要是複雜的社會事務，一定會面臨一個問題，就是要面對有主動性、會根據情況調整自己行動的人。你可以計畫自己怎麼辦，但是沒有辦法預測對方會怎麼應對，一旦他的應對超出你的預測，或者有其他的意外因素加入，整個計畫也就亂掉了。既然如此，又有什麼必要事先制定作戰計畫呢？

有必要。計畫不是用來不折不扣地實現的，計畫實際上另有妙用，主要是以下三個方面：第一，計畫制定的過程，本質上是一個統一上上下下的意志和決心、明確戰略方向、盤清資源家底的過程。就拿施里芬計畫來說，它的核心靈魂不是多少軍隊在哪一天，要具體打下什麼目標。它的戰略精髓是，德國不能陷入東西兩面作戰，必須先快速打敗西方的法國，然後利用東方俄國動員速度慢的特點，打一個時間差，打敗法國後迅速回頭去打俄國。制定計畫的十幾年的時間，就是德國上上下下統一這個戰略共識的過程。

所以，施里芬計畫本身在戰場上是不是能順利實施，這是無法預測的。但是戰場上的每一個人，從將軍到士兵都知道，德國必須搶時間，必須快，大家在隨機應變的時候，也會貫徹這個戰略思路。所以，即使計畫本身已經打亂了，但是計畫的靈魂一直在。

計畫的第二個用處，是讓臨時應變者有一個資源框架可以利用。說白了，就是因為有了事先的計畫，所有被動的不按計畫行事的人，會大體知道自己周圍的資源情況。

比如在戰場上，有一支部隊因為各種偶然因素，脫離了原計畫規定的時間和地點。但是因為在整個戰場上，所有人都努力試圖按計畫做事，所以總體環境還是有很多確定性的因素可以判斷。這支部隊的指揮官可以大體預測，哪裡可能有補給，哪裡可能有大部隊，不至於漫無目的地瞎撞。

計畫的第三個作用是形成一個個小型的執行模塊。

在計畫實施的過程中，雖然總體上的計畫很容易被打亂，但是組成計畫的那些小模塊仍然非常有生命力。

比如在解放戰爭的遼沈戰役中著名的胡家窩棚戰鬥，當時為了殲滅廖耀湘軍團，東北野戰軍乾脆下放了指揮權，也就是放棄了總體計畫，給部隊就是一條指示：哪裡有敵人就往哪裡打，哪裡有槍聲就往哪裡追。這樣在戰場上既沒有前後方之分，也沒有一線二線之別，到處都是部隊在穿插、滲透、分割。

在這樣的戰場上，真正起作用的，是連排營團這樣的小模塊的戰鬥組織。他們看似沒有計畫，但是你想，什麼樣的軍隊敢採取這樣的戰術啊？恰恰是平時計畫性比較強，訓練比較充分，上上下下對戰略目標都心中有數的軍隊。

所以，德國軍隊以善於作計畫聞名，但是有研究德軍的著作指出，德軍戰鬥力強的根本原因，恰恰是計畫造就的另一個東西，那就是德軍基層指揮官的高素質。

戰爭前，他們被強有力的計畫約束，但是戰爭中，他們接到的往往反而不是很具體很詳細的命令，需要他們根據戰地的種種情況作出有針對性的調整和部署。正是這種出自基層的、當時當地的強大執行力，讓德軍在戰場上表現出色，遠遠超出了德國的資源能力。

關於計畫的三個效應，我們不妨想像一個場景。一幫朋友自駕出去玩，剛開始是有明確目的地的，那應該做一個詳細的攻略吧？這就是最開始的計畫。但是中途大家興之所至，沒準兒就要改變計畫，原來要去杭州，說不定中途一商量轉彎去了山東，也很正常。

那麼原來做的那份攻略還有沒有用呢？有用。

第一個用處，是做攻略的時候，大家其實進行了很多方面的磨合。不僅定了一個目的地，也定了消費的層次、路線的偏好，大家各自能拿出來的時間、資源、經費等等。所以，即使中途改變目的地，做攻略的過程也是大家統一認識的過程。

第二個用處，你不會漫無目的地改變目標。可能是你做攻略的過程中，就已經注意到這個變化的可能。各種因緣際會，最後真的走上了這條路，而原先做攻略的時候，已經熟悉了周邊的資源、路線之類的。這並不是一條完全陌生的路。

第三個用處，即使大家中途走散也沒關係，因為有攻略，我們每個人可以預判大部隊可能會在哪裡等我們，直接趕去會合就好了。

所以做成任何一件大事，計畫和變化缺一不可。

用當下時髦的話來說就是，要把複雜的、困難的事情辦成，一靠方針，二靠幹部。

方針是什麼？就是計畫。幹部為何存在？就是用人的能動性來應對變化。

警惕目標退化

ＫＰＩ是一種目標退化，它既在提高公司的效率，也在導致公司迷失。玩遊戲也是一種目標退化，遊戲設計者讓玩家拚命攢遊戲裡的金幣，交遊戲裡的朋友，爭遊戲裡的勝負，而忘了現實世界的金錢、朋友和競爭。

有一個詞，叫「目標退化」，意思就是完成了小目標，忘掉了大目標。其實，這不僅是好事，而且還是人類進步的根本動力。甚至可以說，這是大自然驅動人類進步的一個基本機制。

舉個例子說，一個人在大自然中的目標是什麼呢？人是生命，生命沒有別的目標，就是複製自己，就是傳宗接代，維持物種的延續。對大自然來說，一個人的終極目標就是要多生孩子。可是，再回到我們每一個人身上，這個目標也太粗俗了吧？天天不做事，就盯著生孩子養活孩子？我們的價值和理想呢？我們的詩和遠方呢？人類不願意，怎麼辦？

既然總的大目標你不能自覺完成，那大自然就略施小計，在我們身上植入一些次一級的目標。這些次一級的目標就是我們的一些感受和感情。

比如餓了，你就要去找飯吃；遇到危險，你就要恐懼；到了溫暖安全的地方，你就會感到舒適；看到美麗的異性，你就會多看上兩眼，不自覺地想親近。這些感受和感情是什麼？用一個電腦術語來說，就是大自然在我們身上安裝的一些「快捷方式」。不用思考，靠達成這些小目標，最終完成大自然賦予我們的維持生存然後傳宗接代、複製生命的大目標。

這就是「目標退化」，忘掉大目標，只要你去完成小目標。其實，在一家公司裡也是一樣，大目標是公司健康成長，但是管理層會把這個大目標分解成各式各樣的KPI，交給每一個部門、每一個人去完成，然後合起來，驅動公司成長。這也是一種有用的目標退化。如果每一個員工都想著大目標，想著公司的戰略，這公司就不要幹了。比如有一次，華為的一個新員工，剛進公司，就寫了一份萬言書給老闆任正非，談公司的戰略問題。任正非的批覆是：「此人如果有精神病，建議送醫院治療；如果沒病，建議辭退。」

在歷史上，只要人類追求效率，最基本的方法，就是這種「目標退化」，把一個大目標轉化成一系列其他的目標。

比如大目標是考取好大學，但是你總得有能力把這個目標轉化成每天上課好好聽講，按時完成作業吧？所以，「目標退化」是一件好事。

但是，人類進入現代社會之後，一個新的問題出現了。目標變得空前複雜，達成一個目標的路徑有無窮多種。「目標退化」又變成了人類發展的一個潛在危險。

德國的一位認知行為學教授做過一個實驗。他先創造了一個小城鎮，當然不是真的城鎮了，是用電腦程式模擬的一個小城鎮。然後，挑選了一些實驗者，讓他們在這個程式裡擔任市長，看他們幹得怎麼樣。

給這些市長的任務是讓他們考慮如何「提高市民的福利」。這句話聽起來很簡單，實際上並不是。福利是一個複雜的概念，代表很多事物，不做進一步定義，根本就不代表任何東西。

是提供基本生活保障呢？還是先增加就業？或者先建歌劇院？要說福利，這些都是，可是做為市長，手頭資源有限，應該先解決哪個？

大部分實驗者都愣住了。有人在超市門口，問來來往往的家庭主婦對城裡的情況有什麼抱怨，結果得到了五花八門的答案：有說狗在大街上亂排泄的，有說公務員效率太低的，有說圖書館不夠好的。你說市長該先做哪一樣？有的實驗者甚至連問都不問，乾脆就直接做了。他們的做法是，修理那些壞了的東西。比如路燈、道路。這總沒錯吧？不一定，你注意到它們，只是因為它們最顯眼。就像救護車來到一個事故現場，醫生能根據哪個傷員喊得最大聲、他最先發現哪個傷員為標準，來決定先救誰嗎？當然不行，因為尖叫不停的，可能只是受了輕傷，那些受傷更嚴重的，可能連喊都喊不出來了。當個市長，只會修理東西，其實就等於什麼也沒做。

還有一種情況，可能是因為出了問題的地方正好是他熟悉的領域，那他就只做這個。比如說，有個實驗者有一些社會公益服務的專業經驗，她發現一些在校兒童有不少困難，這是她知道該怎麼辦的領域，於是她就忽略了別的問題，把精力全部集中在這上面。她是根據自己的能力來選擇問題的，也就是說，她沒有解決必須解決的問題，而是解決了她知道如何解決的問題。就這樣，一個市長，如果目標退化了，是不是很危險？

再舉一個例子。我以前講過《經度》這本書，說的是十八世紀英國的鐘錶匠約翰·哈里森發明航海鐘的故事。那時候，人們在航海中很難確定自己位置的具體經度，這就導致航船經常偏離航線，造成大量的海難。那解決方案是什麼？就是製造一台在顛簸的船上還能走得準的鐘。

具體的科學原理我就不說了，反正有一台這樣的鐘，船就能精準給自己定位。這可不是小事，不僅事關人命，而且還涉及國家與國家之間爭奪制海權的重大競爭。

在這場賽跑中跑在前列的人，就是英國的鐘錶匠約翰·哈里森。他用了五年時間做出了第一台航海鐘，被他命名為H1，可以很好地測量出經度。

可是這H1太大了，得改小，這一改就改了四年，等他做出了第二個版本的航海鐘H2，他仍然不滿意，要求再給他時間做出一台更好的。

這時候，他已經有點抓不住自己的真正目標了。其實H2已經完全足夠用了，整個世界都在期待這個重大發明能夠盡快進入市場，但是哈里森就是不緊不慢。他沉醉在自己的工匠精神裡面，等他拿出第三個版本的航海鐘的時候，他說：「我想我可以斗膽地說，世界上沒有哪一個機械的或數學的東西，在構造上比我這塊錶或經度時計更漂亮或精美了。」

他說得沒錯，H3和後來的兩個版本H4、H5既準確又精美，可以說是完美的藝術品。但是，他花了多少年做這第三個版本？整整十九年。這是這個任務的真正目標嗎？當然不是。他完全沒有認識到，他真正的目標應該是盡快製造出可以投入使用的經度測量儀器，挽救無數海員的生命，而不是把航海鐘當作藝術品，精益求精地要求細節。

在這將近三十年的時間裡，又有多少海員的生命被葬送了？如果他能夠確定他真正的目標，這些生命本來是可以挽救的。從救人性命到精緻漂亮，不得不說，他的目標大大退化了。

其實，類似的現象，今天到處都是。ＫＰＩ是一種目標退化，它既在提高公司的效率，也在導致公司迷失。玩遊戲也是一種目標退化，遊戲設計者讓玩家拚命累積遊戲裡的金幣，交遊戲裡的朋友，爭遊戲裡的勝負，而忘了現實世界的金錢、朋友和競爭。

可以說，這個時代所有追求效率的行動、所有商業的努力方向，都是讓你完成某種程度的目標退化，也有的人就真的迷失在退化的目標中了。

生活在這個時代裡的人有多難？把大目標拆小的能力是效率的源頭，這本身已經很難。但是，隨時能從小目標裡抬起頭，盯死大目標的能力，更是難上加難。

今天向奇怪的日本式公司學些什麼？

有了互相持股的制度，再加上終身雇用制，在很大程度上，日本公司本質上更像是一個員工的共同體，而不是股東的賺錢機器。

從日本經濟學家岩井克人寫的《未來的公司》書中，我第一次瞭解了所謂「日本式的公司」的來龍去脈。

一般我們眼裡的公司是什麼樣？就是一個做生意的機器。尤其在美國，公司就是股東賺錢的工具。經營層不能給我賺錢，就給我換人。同樣是經營公司，這不是養兒子，這是養豬，養大了就是要賣掉你。

但是，偏偏這個世界上還有另外一種類型的公司，就是日本式的公司，跟我們熟悉的美國式公司大不相同。

先從賺錢這個角度看，日本自一九九〇年以來，上市公司的收益率還不到5%，進入二十一世紀以來甚至下降到接近於零。換句話說，日本的公司壓根兒就不賺錢，這當然跟日本經濟這些年不景氣有關。但是奇怪，日本公司大規模更換管理層的情況還就真少見。

股東就不著急，就不管嗎？還真就管不了，日本公司的股東大會才是真正的形式主義。股東大會通常都在三十分鐘之內草草結束，並沒有時間讓股東對企業的經營情況展開討論。換句話說，股東在公司經營中幾乎說不上話、插不了嘴，你說奇怪不奇怪？

更奇怪的是，我們都知道，日本的公司實行的是終身雇傭制。在市場經濟國家，一家公司一夜之間裁員幾千人很正常。但是，日本的公司即便經營出現了困難，也是能不裁員就不裁員。

不賺錢，不受股東控制，還不裁員。為什麼會有這樣奇怪的公司存在？

很多西方經濟學家和法學家就表示，日本的公司作為公司來說是不完整的，還處於不成熟的公司形態，甚至還有人說，日本的公司根本就不是公司。

為什麼會這樣？這是有歷史原因的。二戰後，美國人占領了日本，為了懲罰他們，當時就認為，三菱、三井、住友這些財閥是日本軍國主義的溫床，要對日本進行經濟「民主化」改造。於是從一九四五年到一九四七年，美國占領軍把財閥家族持有的股份移交給了政府，解散了控股公司，解除了財閥家族的公司要職，幾乎完全消滅了個人大股東。消滅了大股東以後怎麼辦呢？也不能全搞成散兵游勇的股東。

日本發明了一個制度，叫做「相互持股」。比如說，有十二家公司，除了你自己，其他十一家公司都分別持有你5%的股份，十一家公司加起來，持有的股份就占到55%，超過了半數。十二家公司都是這樣互相持股。這意味著什麼呢？就是沒有任何人能夠控制一家公司，股東大會也不行。

公司之間相互持股的目的，不是投資收取回報，而是互相保證不介入對方的經營，同時也不將股票轉入第三者手中，使大部分股票不在市場上自由買賣，這樣就可以各自經營，經營權也不會流轉。

美國式的公司，通過股票市場組織收購活動，強化股東經營統治；日本式的公司，在通過相互持股，極力排除股東影響力。大家相互交織在一起，誰是誰、誰控制誰，都說不清楚。

有了這個互相持股的制度，再加上終身雇傭制，在很大程度上，日本公司本質上更像是一個員工的共同體，而不是股東的賺錢機器。稻盛和夫就說過一句很奇怪的話，企業最重要的使命是保障員工及其家庭的生活，要把員工放在第一位，客戶第二，最後才是股東。

瞭解完日本公司的來龍去脈，就能理解這句話了。這是一個特殊歷史機緣形成的現象，日本人剛開始也不願意，表面看很扭曲。但奇怪的是二戰後的幾十年，日本公司居然還一度很成功。TOYOTA管理、Panasonic模式、SONY哲學，這都是我們的學習對象，這又是什麼道理？

岩井克人寫的這本書裡就給出了解釋。

根據《未來的公司》這本書的觀點，也就是日本人自己的分析，日本公司之所以成功，是因為趕上了第二次工業革命。

第一次工業革命什麼特點？機器是利潤的來源。工廠裡的紡織機、蒸汽機，只要一開動，就能賺錢。建設廠房、購買設備需要大量資金，公司不過是籌措資金的一種手段，至於工人，勞動力而已。但是，到了第二次工業革命，情況發生了變化。電氣化起來了，重化工業起來了。汽車、造船、機床、石油化工……這些製造業運營需要大型機械設備，而且是專業機械設備。這個時候，光有機器就不夠了，還需要有運營大型機械類工廠的專業經營者、工廠技術人員和熟練工人。在各種公司治理模式中，日本式的公司最容易培養出熟練勞動者。

有一個說法叫「人力資產」，就是人頭腦或者身體中，以與人不可分割的形式累積的知識和能力。人力資產分為兩種，一種是通用型人力資產，比如我能開車，我會做帳，我能當會計師，那我無論在哪家公司，這種通用能力都能被雇用。

但是第二次工業革命之後出現的企業裡，大多數崗位需要的是組織專用型人力資產，比如使用特定工具和機器的習慣、與其他員工協作的習慣、保持常年貿易關係的客戶或供貨商的關係等。這種專用人力資產的累積，需要投入相當多的時間和費用去累積，還沒法轉讓。

做為員工最擔心什麼？擔心在一家公司幹的時間太長了，自己的知識結構和個人能力被這公司給套牢了，一旦被公司辭退，之前投入的時間和汗水就完全浪費了。這樣一來，就能明白日本公司的好處。終身雇傭制，員工第一，客戶第二，股東第三。公司可以保護員工不會被外部股東套牢。在這種情況下，員工可不僅是勞動服務的提供者，他可以把自己和公司視為一體。哪怕不持有公司股票，也有充分的動力去累積組織專用型人力資產。

這就可以解釋為什麼日本式公司，表面上激勵機制不夠，創新變形的空間也不大，但是在二戰後很長一段時間裡還是能夠一飛沖天。

當然，日本經濟現在也能證明日本式公司的黃金歲月已經過去，但是它給我們的啟發可沒過時。

曾有一位年輕人問我，你觀察到一個現象沒有，很多創新公司的人，發現自己往往除了公司的同事，居然沒有別的朋友。為什麼？道理很簡單，這是一個公司物種大爆發的時代，每家公司都不太一樣，在不同公司工作的人，價值觀、對世界的感受方式，差別越拉越大，和公司外部的朋友交流就越來越困難，共同話語就少。

換個角度來觀察這個現象，現在的公司也越來越是一個人群的共同體。不僅是技能共同體、利益共同體，它甚至還是價值觀共同體。公司的創始人對同事的責任越來越大。如果還是用美國公司的價值觀，一味追求高增長，只對股東負責，那就會越來越背離這個時代的公司本質。

哥倫比亞大學校長尼古拉斯．巴特勒說，如果要評選現代社會最偉大的發明，那就是有限公司。

既然是一項偉大的發明，它就沒有固定的樣子。世事變遷，它就值得我們在新的環境下把它再優化一次，這就是我們今天還要瞭解日本式公司的意義。

羅胖商業書清單

1. 《給忙碌者的天體物理學》
   - 尼爾．德格拉斯．泰森 著
   - 二〇一八年，北京聯合出版公司

2. 《給力：矽谷有史以來最重要文件NETFLIX維持創新動能的人才策略》
   - 珮蒂．麥寇德 著
   - 二〇一八年，大塊文化

3. 《特立獨行的企鵝：艾倫．萊恩與他的時代》
   - 傑里米．劉易斯 著
   - 二〇一五年，人民文學出版社

4. 《混亂：如何成為失控時代的掌控者》
   - 蒂姆．哈福德 著
   - 二〇一八年，中信出版社

5. 《幸運籤餅紀事：中餐世界歷險記》
   - 詹妮弗．李 著
   - 二〇一三年，新星出版社

6.
《格調：社會等級與生活品味》
● 保羅．福塞爾 著
● 二〇一七年，北京聯合出版公司

7.
《教堂經濟學：宗教史上的競爭策略》
● 賴建誠、蘇鵬元 著
● 二〇一八年，格致出版社

8.
《灰犀牛：危機就在眼前，為何我們選擇視而不見？》
● 米歇爾．渥克 著
● 二〇一七年，天下文化

9.
《經度：一個孤獨的天才解決他所處時代最大難題的真實故事》
● 達娃．索貝爾 著
● 二〇一五年，上海人民出版社

10.
《未來的公司》
● 岩井克人 著
● 二〇一八年，人民東方出版傳媒有限公司

我的商業書清單

列下你未來半年的讀書清單吧！
羅胖，和你一起終身學習！

國家圖書館出版品預行編目資料

你的座標有多大，見識就有多高：羅輯思維【商業篇】/ 羅振宇 著；--初版.--臺北市：平安文化, 2022.04
面；公分. --(平安叢書；第713種)(我思；10)
ISBN 978-986-5596-72-9 (平裝)

1.CST: 商業管理 2.CST: 思維方法 3.CST: 通俗作品

494.1　　111002413

平安叢書第0713種
我思 10

你的座標有多大，見識就有多高

羅輯思維【商業篇】

本書中文繁體版由北京思維造物信息科技股份有限公司經光磊國際版權經紀有限公司授權平安文化在全球（不包括中國大陸，包括台灣、香港、澳門）獨家出版、發行。

《羅輯思維【商業篇】》：文化部部版臺陸字第110373號；許可期間自111年4月1日起至116年3月31日止。

作　　者—羅振宇
發 行 人—平雲
出版發行—平安文化有限公司
台北市敦化北路120巷50號
電話◎02-27168888
郵撥帳號◎18420815號
皇冠出版社(香港)有限公司
香港銅鑼灣道180號百樂商業中心
19樓1903室
電話◎2529-1778　傳真◎2527-0904
總 編 輯—許婷婷
執行主編—平靜
責任編輯—蔡維鋼
行銷企劃—薛晴方
美術設計—兒日設計、李偉涵
著作完成日期—2020年
初版一刷日期—2022年04月

法律顧問—王惠光律師

讀者服務傳真專線◎02-27150507
電腦編號◎576010
ISBN◎978-986-5596-72-9
Printed in Taiwan
本書定價◎新台幣380元/港幣127元